今日から
モノ知り
シリーズ

トコトンやさしい
レアアースの本

日本を支えるハイテク産業は、今やレアアースなしには成り立ちません。それほどレアアースは重要で素晴らしい機能をもっているのです。今後もあらゆる分野で応用範囲は広がっていくでしょう。

藤田和男　監修
西川有司　藤田豊久
亀井敬史　中村繁夫
金田博彰　美濃輪武久　著

B&Tブックス
日刊工業新聞社

はじめに

この本を手にしたあなたは、「ジスプロシウム」や「テルビウム」、「ネオジム」という言葉を聞いたことがあるでしょうか。恐竜の名前ではありません。これらは日本の自動車産業、通信・家電機器の製造に無くてはならない貴重な希土類と呼ばれる元素です。英語では「レアアース」と呼ばれ、希少金属「レアメタル」31鉱種の一つです。そしてこのレアアースは他の30鉱種にない素晴らしい機能と効用を持った"優れもの"の集団で、なんと17元素で構成されているのです。

今やレアアースは、電気・電子、自動車、光、セラミック、エネルギー、医療、鉄鋼、機械など様々なハイテク産業で幅広く利用され、高機能材料としての重要性を増し、私たちの生活になくてはならないものになっています。

しかし現在、そのレアアースの世界マーケットの97％は中国に握られている上、その中国が、自国の国内需要、資源保護、環境対策を理由にレアアースの輸出を制限し始めました。2010年9月の尖閣諸島事件を契機にした中国のレアアース原料の大幅輸出削減は日本のレアアース調達に打撃を与えました。ハイテク産業を発展させてきた加工技術立国の日本にとって、レアアース原料の安定供給は、産業の維持発展を阻害しかねない深刻な問題です。レアアースの供給障害が起これば、レアアースメーカーや加工産業だけでなく、レアアース製品のユーザーにも影響を与え、その影響はあらゆる産業に及びます。米国では、レアアースは軍需産業に不可欠な素材であり、日本以上に中国の輸出削減に危機感を募らせています。

希少金属のリサイクルの研究やレアアース使用量の減量化、代替製品の開発研究なども開始されましたが、中国は輸出削減に加えて自国内に磁石工業団地をつくり、日本企業を誘致しようとしています。生産拠点を中国に移転してしまえば、日本のハイテク技術の産業基盤が失われかねません。

もう一つまったく別の面からレアアースを見てみましょう。実はウランと同じように放射能をもつトリウムはレアアースと共存し、レアアース鉱物の中にレアアース元素と一体となって埋蔵されていることが多いのです。これまでトリウムは邪魔者として除かれた後のレアアース原料を日本は、輸入してきたため放射性物質のトリウムへの関心は低く、資源開発の対象ではありませんでした。ところが福島原子力発電所の事故後、いち早くアメリカ、中国では、トリウムはウランと違いプルトニウムを出さないのでクリーンで安全性の高い原子力発電の燃料として、その重要性が再認識されてきました。特に、ウラン型原発依存からの脱却の是非の議論が活発となる中、トリウム発電の可能性を、わが国でも遅れを取らずに探るべきでしょう。中国ではレアアースの生産から得られるトリウムの備蓄を既に始め、トリウム溶融塩炉発電の技術開発を2011年1月からスタートしました。核拡散防止につながるトリウム発電が見直されてきたわけです。本書では第7章（125ページ）にトリウムの溶融塩炉原発とはなにかやさしくとりあげています。

ところが2008年夏、実は私は、これまで「レアアース」のことはあまり気に掛けませんでした。ところが2008年夏、原油価格が史上最高値に暴騰したころから、「日本産業に必要不可欠な貴重なレアメタルやレアアースの価格が暴騰している‥‥、輸入量が激減するかも‥‥」とにわかに世間が騒がしくなり、「これは何かしないといけない」という気持ちになりました。そこで年来の友人で、国際メタル実業界のエキスパートである日本メタル経済研究所に所属していた西川有司氏に相談し、執筆適任者を集めて頂きました。そして私が過去に本書のシリーズでお世話になった日刊工業新聞

社の出版局にお引き受け頂き、大急ぎで編集委員会を設置し、出版に漕ぎつけたのがこの本です。執筆者の面々には、金属鉱物学、鉱床学のご専門の東大名誉教授の金田博彰先生、東大で鉱物選鉱、精錬学を教えている藤田豊久教授、同じ分野で産業界の実務派、レアアース磁石の第一人者信越化学磁性材料研究所長の美濃輪武久氏に加え、応用科学研究所の特別研究員でトリウム溶融塩炉発電に詳しい亀井敬史氏に執筆頂きました。さらには国際レアアースマーケットや輸出規制状況や価格推移などに詳しく、世界を股にかける国際レアメタルトレーダーのAMJ社の中村繁夫社長にも執筆に加わって頂きました。

トコトンやさしく「レアアース」のことがわかる本は本書が日本初でしょう。みなさんの座右の本として推薦します。本書では「レアアース」の技術的側面の深堀だけでなく、国民の理解を深めるため、時宜を得た啓発書としてさらに質実向上したと自負する次第です。最後に執筆者の諸先生に心から敬意を表します。

2012年8月

東京大学名誉教授　監修者・編集委員長　藤田　和男

第1章 レアアースっていったいなんだろう?

目次 CONTENTS

はじめに

1. レアメタルってどんなメタル?「資源が偏在し、金属の分離や精錬が複雑」 …… 10
2. レアアースはレアメタルの仲間「レアアース17元素レアメタル47元素」 …… 12
3. 17元素の総称をレアアースと呼んでいる「レアアースは特性が似た元素のグループ名」 …… 14
4. レアアースはどこにあるのか、なぜ日本にないの?「レアアース鉱床は大陸に分布」 …… 16
5. レアアースは放射性元素のトリウムといつも一緒「よく共存しているがトリウムはレアアースではない」 …… 18
6. レアアースは自動車、コンピュータなどたくさんの製品に使われる「ハイテク製品への利用拡大」 …… 20
7. レアアースはハイテクを支える調味料の役割「添加剤として素材を変え機能を豊かにする」 …… 22
8. レアアース原料は輸入に依存している「米国も日本も脱中国依存へ」 …… 24
9. ハイテクには不可欠なレアアース「素材あっての憂いなし」 …… 26
10. どんな産業に使われているの?「加工産業はレアアースがなければなりたたない」 …… 28
11. まだまだ発見しよう機能ポテンシャル「元素の特性がわかってくると用途開発に結びつく」 …… 30
12. 用途がないレアアースや在庫になっているレアアースはどうなるの?「レアアース事業はバランス産業」 …… 32
13. レアメタルのなかでレアアースの魅力はまだまだ拡大「レアメタルの中でも際立った力」 …… 34

第2章 レアアース資源をどのように探すのか？

- 14 たくさんあるレアアース資源・世界の埋蔵量分布は？「鉱物資源は有限？」 …… 38
- 15 鉱物と鉱石、それに鉱床はどのような関係「鉱石鉱物を多量に含むほど価値が高い」 …… 40
- 16 レアアース鉱物種は豊富だが経済的な工業原料対象は少ない「鉱物の種類は豊富」 …… 42
- 17 どのようにレアアース資源はできたのだろう「レアアース鉱床は火成岩が原点」 …… 44
- 18 なぜ様々なタイプの資源があるのだろう「酸性火成岩の生成と密接な関連」 …… 46
- 19 どのように資源を開発するの？「レアアースの資源開発法」 …… 48
- 20 たくさん資源があるのに鉱山は少ない「レアアース資源の価値は何なの？」 …… 50
- 21 開発技術も資源の種類で相違する「鉱床型によってかわる」 …… 52
- 22 レアアース資源とトリウム問題「中国はどのようにしてきたのだろう？」 …… 54

第3章 レアアースはどのように鉱石から取り出すの？

- 23 レアアース鉱物をどうやって集めるのか？「レアアースを集める2つの方法」 …… 58
- 24 鉱物を選鉱するってどんなこと？「分離濃縮して品位を高める」 …… 60
- 25 レアメタル鉱物も一緒に選鉱「選別し濃縮する」 …… 62
- 26 放射線はどのように防ぐの？「トリウム貯蔵所には分厚い壁が」 …… 64
- 27 副産物のレアアース鉱物も価格が上がれば選鉱する「経済的な価値が問題」 …… 66
- 28 中国のイオン吸着鉱から簡単にレアアースが取り出せるの？「イオン吸着鉱」 …… 68

第4章 レアアースの精錬はどのようにするのか

29 レアアース精鉱からレアアース元素を溶かし出す「レアアース水溶液」……72
30 溶媒抽出ってどんな方法？「攪拌と静置の繰り返し」……74
31 溶媒抽出法で様々なレアアース元素を分離「分離精製は結構大変」……76
32 どのようにレアアース酸化物から金属を作るの？「金属精錬法」……78
33 さまざまな用途に使われるレアアース「それぞれのレアアース化合物、金属」……80
34 レアアース磁石ってそんなにすごいの？「サマリウム磁石とネオジム磁石」……82
35 レアアース磁石の製造は手間がかかり複雑なんだ！「磁石合金の作り方」……84
36 日本のレアアース磁石は世界一「高性能磁石はほぼ日本が独占」……86
37 用途開発最前線、Nd磁石の新しい応用はまだまだありそうだ！「その高性能を活かして」……88
38 高価なレアアース元素の使用量を削減する省資源技術開発「価格の高騰に対応」……90

第5章 都市鉱山ってなに？リサイクルできるの？

39 "都市鉱山"てなんだろう？「レアアースをどう取る」……94
40 リサイクルの方法はどうするの？「より経済的なリサイクルを模索」……96
41 リサイクルはまだもうからない「工場内のリサイクルは行われているが…」……98
42 廃家電製品はどうやって集めるの？「法律の施行と3R概念の確立」……100
43 レアアースの代替する研究は？「不安定な供給対策」……102
44 Nd磁石のリサイクルの方法は？「いろいろな再生方法」……104
45 レアアース元素のリサイクルはどうやるの？「最も有望なのはネオジウム磁石」……106

第6章 レアアースのマーケットと世界のトレーディングの実態

46 レアアースのマーケットの歴史「意外に知られていないレアアースの希土(稀楽土)史」……110

47 レアアースの供給と需要量には差がある「増大する需要に資源開発は対応可能か？」……112

48 レアアースのお値段と最近の異常な値上がり「なぜレアアース市況は異常な乱高下をするのか」……114

49 レアアースの日本への輸入の実態「国家備蓄、日本政府の対応は？」……116

50 中国は20年にわたる戦略で世界を独り占めして輸出規制「中国は長期的視野に立ち産業政策を実行」……118

51 レアアースのトレーディング方法や価格の決め方は？「合理的な価格決定メカニズムが必要」……120

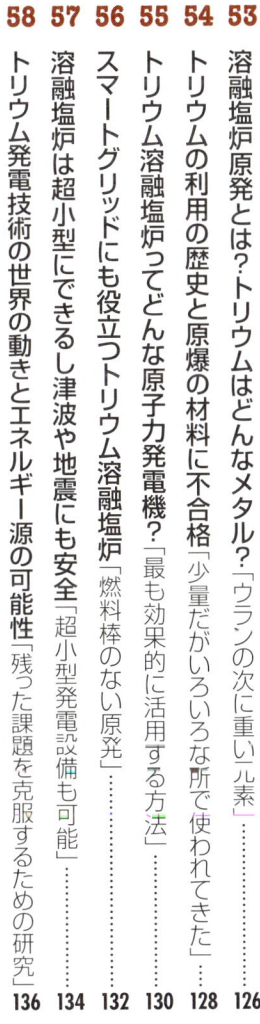

52 レアアース価格の高騰で、ハイテク産業はどうなるの？「多様化が進みさらに市場は拡大」……122

第7章 レアアースに含まれるトリウムの溶融塩炉原発とは

53 溶融塩炉原発とは？トリウムはどんなメタル？「ウランの次に重い元素」……126

54 トリウムの利用の歴史と原爆の材料に不合格「少量だがいろいろな所で使われてきた」……128

55 トリウム溶融塩炉ってどんな原子力発電機？「最も効果的に活用する方法」……130

56 スマートグリッドにも役立つトリウム溶融塩炉「燃料棒のない原発」……132

57 溶融塩炉は超小型にできるし津波や地震にも安全「超小型発電設備も可能」……134

58 トリウム発電技術の世界の動きとエネルギー源の可能性「残った課題を克服するための研究」……136

第8章 レアアースの地政学リスクとは?

- 59 地政学(Geopolitics)のルーツは?「歴史の流れを積み上げた積分的考察」……………………………………140
- 60 レアアースの埋蔵量と生産量の世界分布「偏在しているわけではないレアアース」………………………………142
- 61 家電立国日本の存亡にかかわるレアアース問題「家電部品の製造に不可欠なレアアース問題」…………………144
- 62 レアアースの地政的リスクへの対策・米国は着々と進めている「米国の「グリーンエネルギー革命」にはレアアースが不可欠」……………………………………………………………146
- 63 日本のニーズに合うレアアース資源と人材育成を!「重レアアース元素を多く含む資源」……………………148
- 64 総合ハイテク・資源エネルギー国家戦略を!「各国とも力を入れる」…………………………………………150

【コラム】
- ●原料を中国に完全制覇された米国や日本……………36
- ●今、資源開発ラッシュ、期待されるレアアースの生産量……56
- ●カザフスタンの原爆実験場がレアアースの生産基地になるかも?……70
- ●永久磁石開発の歴史……92
- ●なんで廃棄物を都市鉱山というのか?……108
- ●中国の環境問題……124
- ●北海道の畑作、北限をトリウム発電で農業工場に・夢への挑戦……138
- ●これから国際紛争の火種が絶えないかも!先ず欧米は中国をWTOに訴えた……152

レアアースにかかわる年表……153
あとがき……154
参考文献……156

第1章
レアアースっていったいなんだろう？

1 レアメタルってどんなメタル?

資源が偏在し、金属の分離や精錬が複雑

レアメタルは"産業のビタミン"と呼ばれ、ここ数年よく聞くようになりました。なぜなら日本は金属資源が乏しく、海外から輸入に頼っているため、その供給が途絶えると日本の産業は大きな打撃をうけることになります。レアメタルも例外ではなく、それを豊富に保有する中国が一部の輸出制限を開始したため「レアメタル」の安定的な供給に不安が生じ、その重要性が拡がり、世間に認知されるようになってきたのです。

「レアメタル（Rare metal）」をそのまま直訳すると「希少金属」となります。これは必ずしも適正な言葉ではありません。高校の化学、物理で教わる「元素の周期律表（地球のあらゆるものをつくっている元素と人工的につくられた元素の合計118種を、個々の元素の性質に基づいて並べた表。ロシアのメンデレーエフによって1867年に原型が発明され、その後改良された）」をみると、99の金属元素と19の非金属があり、金属は自然に存在する72の元素と27の人工でつくられた元素からなります。金属は使用量や存在でベースメタル、レアメタル、貴金属に区分されています。鉄、銅、アルミはベースメタルと言われ、ニッケル、白金、チタンや次の項目で述べるレアアースはレアメタルに入ります。レアメタルは経済産業省の区分では全部で47元素（17個のレアアースの各種元素を1種類にくくると31種類）からなり、金属元素の半分以上を占めています。

レアメタルの明瞭な定義はありませんが、資源が少ないとか資源が特定の地域に偏在するとか鉱物からの金属の分離や精錬が複雑で難しいなどの特徴があります。使用量もベースメタルと比較すれば少量です。自動車、飛行機、電気・電子製品など身の回りの金属にレアメタルはたくさん使用されています。ベースメタルにレアメタルを加えると金属の性質が見違えるように変わります。強くなったり、錆びなくしたり、高温でも溶けない金属になります。ハイテク製品には不可欠な金属なのです。

要点BOX
- あらゆるものは118の元素からなり、このなかの99が金属元素で、その約半分がレアメタル
- レアメタルは金属の機能をアップさせる

元素周期律表

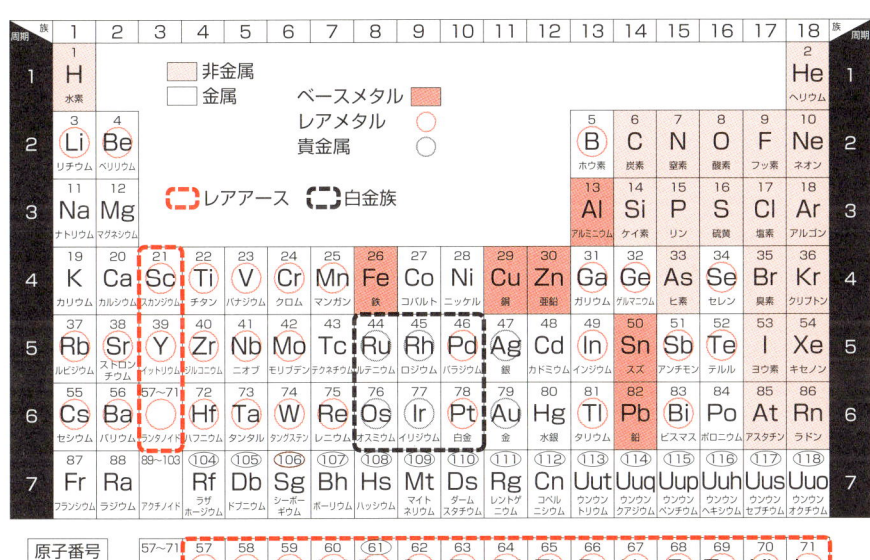

原子番号に〇印の元素は、自然界に存在していない。人工的につくられている

地球を構成する元素の分類

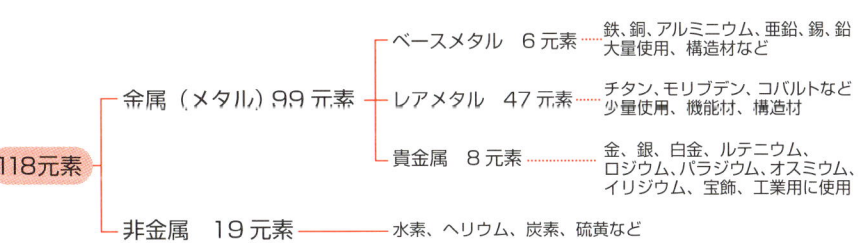

- 118元素が人間、生物を含めて地球の全てをつくっている。
- 白金族6元素をレアメタルに入れる分類もある。一部はレアメタルとしても扱われる。
- 自然界に存在しない元素は原子炉や加速器などでつくられる。
- レアメタル47元素は経済産業省の分類に基づく。

第1章　レアアースっていったいなんだろう？

2 レアアースはレアメタルの仲間

レアアース17元素
レアメタル47元素

前述したようにレアメタルは47元素です。その中にはレアアースという17元素からなるグループがあります。性質や電子配列が類似しており、一緒の種類あるいはグループとして扱われます。元素数ではレアアースの36％を占めます。レアメタルの各元素は複数の特性、すなわち①超伝導性②強磁性③半導体④光電変換⑤高温耐熱性⑥熱電変換⑦触媒特性⑧耐食性⑨光学性などを有し、製品を小さくしたり、軽くしたり、消費エネルギーを削減する効用があり、ハイテク製品に使われます。

チタンは⑤高温耐熱性や⑧耐食性が主な特性になりますが、クロム、コバルト、ジルコニウム、ニオブ、モリブデンなども同じ特性を持ちます。クロムとコバルトはこの特性に加えて強磁性の特性を持ちます。このように同じ特性がよく言われる「代替材料」となる可能性がある金属であり、ある金属の価格が高騰すれば、より安い同じ特性の金属が「代替材料」として技術開発されます。それは、レアメタルどうしで合金を作ったり、ベースメタルに少し混ぜて金属の機能を高めたり、セラミックに混ぜ耐熱性を強化させる働きを発揮します。

レアメタルの使用は、製品の特徴や金属どうしの相性、用途、価格などで決まり、「代替」できるかどうかも使われる製品などで、化合させる金属も違うので、このような点から技術開発をしなければならず、簡単に「代替」できるわけではありません。

このように、レアメタルも、強磁性や光学、触媒特性などほかのレアメタルの元素と共通の特性を持ちますが、とくに光学的には各レアアース元素はそれぞれ特徴をもち、発色、紫外線吸収、ガラスの着色・強化、光から電気エネルギー変換、高屈折率ガラスなど多様な性質を発揮して製品の機能を高めます。このようにレアアースはレアメタルの1つであり、同様な特性を持つ仲間です。

要点BOX
- レアメタルは47元素で、この中に17元素からなるレアアースが入っている
- それぞれに様々な特性をもっている

レアアースはレアメタルの仲間

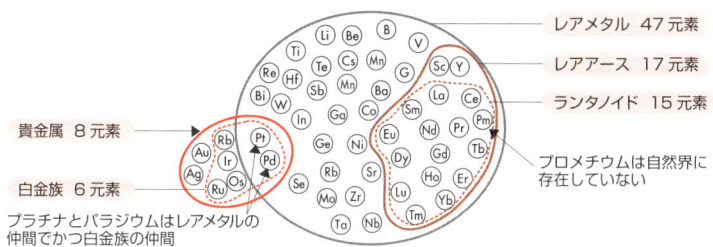

- レアメタル 47元素
- レアアース 17元素
- ランタノイド 15元素
- プロメチウムは自然界に存在していない
- 貴金属 8元素
- 白金族 6元素
- プラチナとパラジウムはレアメタルの仲間でかつ白金族の仲間

レアメタル、レアアースの特性と用途

レアメタル	元素記号	原子番号	特性	用途
リチウム	Li	3	電気伝導、軽量	電池、耐熱ガラス
ベリリウム	Be	4	放射線機能、電気伝導	宇宙望遠鏡、原子炉減速材
ホウ素	B	5	高温耐熱、放射線機能	耐熱ガラス、断熱材、原子炉制御棒
チタン	Ti	22	高温耐熱、耐食、光学性	航空機部品、形状記憶合金、顔料
バナジウム	V	23	高温耐熱、触媒	製鋼添加物、超硬合金
クロム	Cr	24	耐食性、高温耐熱	ステンレス、メッキ、顔料
マンガン	Mn	25	磁性、触媒	電池、鉄鋼合金
コバルト	Co	27	強磁性、高温耐熱、触媒	磁石、放射線療法、顔料
ニッケル	Ni	28	強磁性、高温耐熱、触媒	磁気材料（磁気ヘッド、形状記憶合金）
ガリウム	Ga	31	半導体、光学	半導体レーザー、発光ダイオード
ゲルマニウム	Ge	32	半導体	半導体、LED、超伝導材
セレン	Se	34	半導体、光学	コピー機、感光体
ルビジウム	Rb	37	放射性、光学	燃料電池、触媒
ストロンチウム	Sr	38	放射線機能	磁性材、花火
ジルコニウム	Zr	40	耐湿耐熱、熱電変換	耐火材
ニオブ	Nb	41	超伝導、高温耐熱	鉄鋼、超伝導材、耐食材
モリブデン	Mo	42	超伝導、耐食性	鉄鋼、電子材料、合金
パラジウム	Pd	46	耐食性、触媒特性	触媒、電子部品
インジウム	In	49	半導体、光学特性	低融点合金、蛍光体
アンチモン	Sb	51	半導体、熱電変換	難燃材、特殊鋼
テルル	Te	52	半導体、光電変換、光学性	特殊合金、複写機、感光体
セシウム	Cs	55	光電変換、光学特性	光ファイバー、光電素子
バリウム	Ba	56	超伝導	X線造影剤、磁性体
ハフニウム	Hf	72	高温耐熱、耐食性	原子炉制御棒、耐熱合金
タンタル	Ta	73	光学特性	耐熱材、超硬工具、コンデンサ
タングステン	W	74	高温耐熱	フィラメント、超硬工具、特殊合金
レニウム	Re	75	熱電変換、耐熱性	超耐熱合金、超高温測定機器
白金	Pt	78	熱電変換、耐食性	触媒、抗ガン剤
タリウム	Tl	81	放射線機能、耐食性	放射能測定器、半導体
ビスマス	Bi	83	半導体、放射線機能	合金、火災報知機、鉛の代替
レアアース	RE	*	磁性、光学、発色	磁石、触媒、蛍光灯

Sc / Y / La / Ce / Pr / Nd / Pm / Sm / Eu / Gd / Tb / Dy / Ho / Er / Tm / Yb / Lu

* 原子番号21：Sc、原子番号39：Y、原子番号57〜71を合わせてレアアースという。REは元素名ではない。いわばグループ名

第1章　レアアースっていったいなんだろう?

3 17元素の総称をレアアースと呼んでいる

レアアースは特性が似た元素のグループ名

レアアースは17元素の総称でいずれも金属元素です。「希土類」ともいいます。いわば似たものを集めてグループを形成しています。元素周期律表のなかで14%を占めており、結構メジャーな存在です。なお白金も同様にグループをつくり「白金族」といい、6元素からなりますが、自然界にある元素で、他にこのようなグループを形成するものはありません。

レアアースは化学的性質が似ていることや原子の内部構造に共通性があるため、総称して呼ばれていますが、兄弟以上でうり二つの「双子」のような類似性です。しかしそれぞれ個性を持っています。スウェーデンで1794年にイットリアという「土」の発見が最初でした。土のような酸化化合物であり、希な存在であったため「希にある土(希土)」と呼ばれ、レアースの語源となっています。その後各元素が順次見つかり、最後に1947年原子炉の使用済み燃料のなかから核分裂生成物としてプロメシウムを発見し、17元素が揃いました。実に約150年もかかりました。

レアアースの17元素は周期律表のなかの原子番号の箱の21番スカンジウム(Sc)と39番のイットリウム(Y)の2箱そしてもうひとつ箱は57番から71番のランタノイドが一つの箱に15元素、ランタン(La)セリウム(Ce)プラセオジム(Pr)ネオジム(Nd)プロメシウム(Pm)サマリウム(Sm)ユウロピウム(Eu)ガドリニウム(Gd)テルビウム(Tb)ジスプロシウム(Dy)ホルミウム(Ho)エルビウム(Er)ツリウム(Tm)イッテルビウム(Yb)ルテチウム(Lu)が入ります。ひと箱で入りきらないため周期律表の欄外にこれらのランタノイド15元素は並べて表示されています。レアアースの特性は超電導、強磁性、触媒特性などたくさん挙げられますが、とくに光学的特性と磁気的特性はほかのレアメタルとは違い、色を輝かせたり、レーザーに使ったり、小さく強力な磁石で超小型のモータをつくったり、ハイテク製品に多用されています。

要点BOX
- レアアースは17元素をまとめて呼ぶグループ名で、元素群の中でメジャー
- 光学などほかのレアメタルにない特性がたくさんある

レアアースの特性

- ●たくさんの特性─用途も多種類
- ●光学、磁性の特性はハイテクの土台

→ 限りない魅力をもつ

光を変貌

光学:
- ガラスセラミック → 着色
- 透明ガラス → 消色
- レンズ → 屈折
- 蛍光体 → 発光
- X線蛍光体
- レーザー → 増幅
- 光ファイバー

電気:
- 水素吸蔵、燃料電池、電極 → 貯蔵
- 超伝導

触媒:
- 排気ガス → 浄化
- 石油精製 → 分解

放射性:
- 紫外線吸収 … UVカットガラス
- 中性子吸収 … 原子炉

その他:
- 発火 … ライターの石（※ミッシュメタル）
- 研磨 … ガラスの研磨
- 添加 … 鉄鋼など

※複数のレアアース元素からなる金属

磁力で変貌

磁性:
- 磁石 → モーター
- 磁気 → 磁気冷凍、MRI造影剤、光磁気記憶ディスク

レアアース17元素の特性と用途

希土類元素	元素記号	原子番号	発見年	融点（℃）	特性	用途
スカンジウム	Sc	21	1879	1450〜1500	光学特性	特殊光源、特殊合金
イットリウム	Y	39	1794	1500	光学特性、伝導性	蛍光体、光学ガラス
ランタン	La	57	1839	880〜900	光学特性、水素吸蔵	光学ガラス、セラミックコンデンサー
セリウム	Ce	58	1803	800	光学特性、超伝導	消色剤、触媒、ガラス添加
プラセオジム	Pr	59	1885	930	発色、光学特性	磁石、発色剤、光ファイバー
ネオジム	Nd	60	1885	1020	磁性、超伝導	磁石
プロメチウム	Pm	61	1947	1040	光学特性、放射性	夜光塗料
サマリウム	Sm	62	1879	1050〜1070	磁性、光学特性	磁石、触媒
ユウロピウム	Eu	63	1901	1100・1200	光学特性	蛍光体
ガドリニウム	Gd	64	1880	1050	光学特性、放射性	磁気冷凍、原子炉
テルビウム	Tb	65	1843	1350	光学特性、磁性	蛍光体、磁石
ジスプロシウム	Dy	66	1886	1400〜1500	磁性、光学特性	磁石、夜光塗料
ホルミウム	Ho	67	1879	1500	光学特性、超伝導	レーザー、磁性、超伝導材
エルビウム	Er	68	1843	1500	光学特性	発色剤、光ファイバー
ツリウム	Tm	69	1879	1500〜1550	光学特性、放射性	レーザー、発光活性剤
イッテルビウム	Yb	70	1878	1800	伝導性	レーザー、超高速圧力センサー
ルテチウム	Lu	71	1907	1650〜1750	耐熱性	耐熱セラミック（研究中）

（レアアースと呼ぶ／ランタノイド）

4 レアアースはどこにあるのか、なぜ日本にないの?

レアアース鉱床は大陸に分布

レアアースは私たちの身の回りの至る所で使われています。コンピュータ、携帯電話、アイフォーンのためのヘッドホンなどなど、モータには、レアアース磁石が使われています。レアアースはほかの金属と混ぜて使われることが多いため、たとえ製品を分解してもレアアースそのものの姿は見られません。『元素図鑑』(2010年創元社)『レアメタル・レアアース』(2011年ニュートン)などの写真で金属や粉になった17元素のそれぞれを眺めるなどの方法で、あるいは博物館で体感するしかありません(レアアースの歴史は153ページ参照)。

このような姿が具体的に見にくいレアアースは自然界において岩石のなかの鉱物として存在しています。レアアース元素を含む鉱物を「レアアース鉱物」と呼びます。レアアース鉱物は酸素、リン、フッ素、珪素などの非金属との化合物です。化合する元素との組み合わせや結晶構造の違いで、約100種類以上に

及ぶほどレアアース鉱物が自然界で認められています。このようなレアアース鉱物がたくさん集まって「レアアース鉱床」を形成します。これは、地下深いところにあったマグマに含まれていたレアアース元素が地表近くに上昇してレアアース元素はほかの元素と化合しながらレアアース鉱物がつくられ、集合したもので、経済性の見通しがつけば、「レアアース資源」と言います。

レアアース鉱床は大昔、10億年以上前に上昇してきた花崗岩マグマの中に特徴的に産出することが知られており、大陸の土台である岩石です。地表の岩石が風雨にさらされ、削られて、レアアース鉱床もやがて地表に露出し、あるいは削られて川によってレアアース鉱物が流され、海岸に砂として堆積します。日本は大陸の縁にできた島で、新しい時代の地質でできているため、標本程度のレアアース鉱物が稀にみつかることはありますが、レアアース鉱床は分布していません。

要点BOX
- レアアース元素がマグマの上昇とともに鉱物になり鉱床をつくる
- 日本ではレアアースは産出しない

レアアース鉱床は古い地質の時代に形成。日本の地質は新しい時代

レアアース成分分散
- ● レアアース成分
- ○ トリウム成分
- △ レアメタル成分

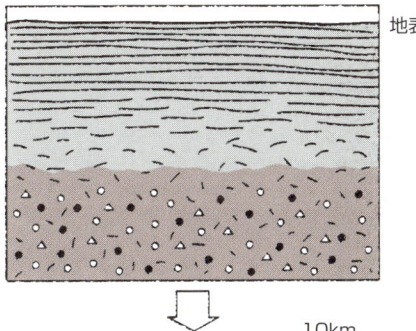

- 地下深部に（数10km）にレアアース成分、トリウム成分、レアメタル成分が分散して分布
- レアアース成分が鉱物で存在していたかイオンで存在していたか不明

マグマの発生

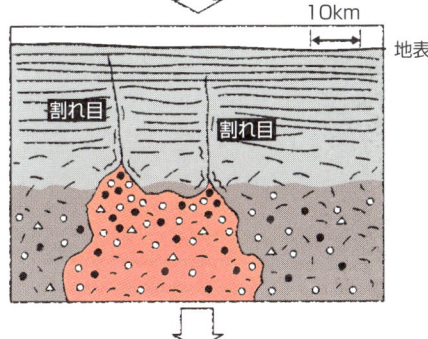

- 地殻変動でマグマが発生、割れ目（断層）が形成。レアアース成分、トリウム成分、レアメタル成分がマグマに溶け込む
- 割れ目沿いにマグマが地表に向かって上昇

鉱床形成
10億年前
- レアアース鉱床
- 花崗岩質岩石

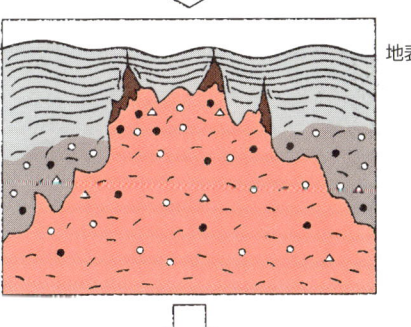

- 地表近くでマグマの温度が低下していき、レアアース成分、トリウム成分、レアメタル成分は、ほかの元素とも化学反応し、結合しながら鉱物を形成
- 鉱物が集まって鉱床を形成
- 日本の地質は、ほとんどが5億年前より新しいため、レアアース鉱床はない

地表削はく
現在

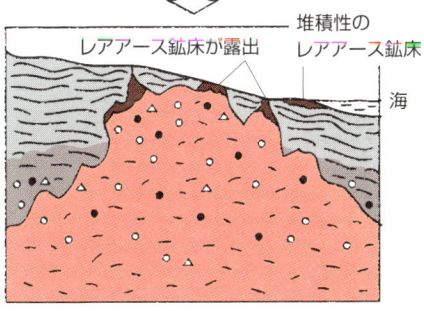

- 長い時間をかけ、風雨にさらされて地表が削はくされていった。
- 削はくされ、鉱床が地表に露出した。
- 削はくされた鉱床をつくるレアアース鉱物やレアメタル鉱物は、河川で運搬され海岸付近に堆積して鉱床を形成

第1章 レアアースっていったいなんだろう？

5 レアアースは放射性元素のトリウムといつも一緒

よく共存しているがトリウムはレアアースではない

レアアース鉱物にはレアアース17元素の10～15元素が含まれています。レアアース元素が似たような化学的性質を持っているためです。さらにレアアースと一緒にトリウム（Th）が鉱物のなかに含まれてレアアース元素と化合物をつくっていますが、トリウムはレアアースの仲間ではありません。放射性元素です。

トリウムはレアアース鉱物としても産出しますが、ほとんどのトリウムはレアアース鉱物に含まれています。トリウムはウランと同様に核分裂しにくいことと原子力発電の燃料になる技術開発は1970年代に中断、いまは需要はほとんどありません。しかし、最近、米国や中国でトリウムを燃料とした発電の技術開発が始まっています。

レアアース鉱物に含まれるレアアース元素の種類と量は、レアアース鉱物の種類や同じ鉱物でも産出する場所によって異なります。トリウムの量も同様です。レアアース鉱物の中で経済的に採掘対象となる鉱物は限定されています。モナザイト、ゼノタイム、バストネサイト、イオン吸着粘土鉱物が代表的です（15項参照）。ただしこの中でイオン吸着粘土鉱物は、中国の南部に存在するレアアース鉱床をつくっている鉱物で、まだ十分に研究はなされていません。モナザイトはランタン、セリウム、ネオジムを多く含み、トリウムはこの中では一番多く含有し6～15％で、ゼノタイムはイットリウムYをたくさん含みまた電気自動車のモータの磁石に入れるジスプロシウムも多く入っています。トリウムは数％です。バストネサイトはランタンが豊富で、トリウムは0.5％程度の含有です。

イオン吸着粘土鉱物もトリウムが含まれます。

このようなレアアース鉱物は、鉱床の中でタンタルやチタンや錫鉱物ともよく共存しており、レアメタル鉱床の副産物として産することも少なくありません。

要点BOX
- レアアース鉱物はレアアース10～15元素とトリウムが含まれる化合物
- 元素の種類・量、トリウムの含有量は鉱物によって違う

レアアース鉱物は、100種類以上

鉱物の種類でレアアース元素の含まれる量比が相違、トリウム(Th)も一緒

鉱物名	英語鉱物名	化学組成	レアアース(REO)含有量 wt%	トリウム(ThO_2)含有量 wt%
バストネサイト	Bastnasite	$LnCO_3F$	76	
チャーチャイト	Churchiite	$YPO_4 \cdot 2H_2O$	40	
ユークセン石	Euxenite	$(Ln,Ca,U,Th)(Nb,Ta,Ti)_2O_3$	<40*	不明
ガドリン石	Gadolinite	$LnFeBe_2Si_2O_{10}$	52	不明
ロパライト	Loparite	$(Ln,Na,Ca)(Ti,Nb)O_3$	36	
モナザイト	Monazite	$(Ln,Th)PO_4$	71	
ゼノタイム	Xenotime	YPO_4	61	
イオン吸着粘土鉱物	鉱物名不明 粘土鉱物にレアアース元素が吸着		含有されているが量不明	含有されているが量不明

REO：酸化レアアース　レアアース(RE)の量は REO で一般的に表示　*理論値

- 経済的対象となるレアアース鉱物は、モナザイト、バストネサイト、ゼノタイム、イオン吸着粘土鉱物、このほかロシアではロパライトが生産対象となっている。
- レアアース鉱物は、レアアース元素、トリウム元素を含んだ化合物。化学式(化学組成式)で表される。
- 化学式でレアアース元素はLn(ランタノイド)や含有量の多い元素記号を代表として示される

モナザイト (Ln 、Th) PO_4　　　ゼノタイム Y PO_4
Y, La, Ce, Pr, Nd, Sm, Ew, Gd
Tb, Dy, Ho, Er, Tm, Yb, Lu
　　　　　　　　　　　　　　　　　Yが多い

- トリウム(Th)が化学式に表示されていない鉱物でもThを含む

レアアースとトリウムは鉱石の中でも鉱物内でも共存

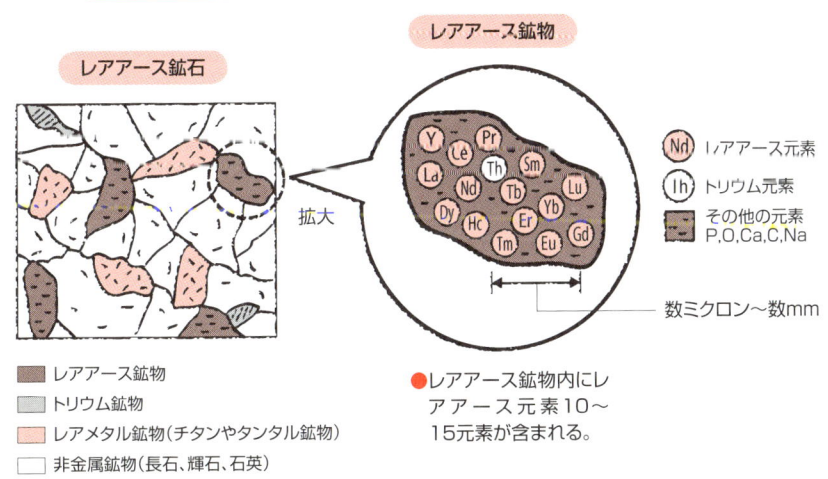

- レアアース鉱物内にレアアース元素10～15元素が含まれる。

6 レアアースは自動車、コンピュータなどたくさんの製品に使われる

ハイテク製品への利用拡大

レアアースは、他のレアメタルと同様に電子・電気、医療機器、風力発電、太陽光発電、鉄鋼、自動車、光・セラミック、機械などの工業製品に使われ、用途も需要も拡大し、ハイテク産業を支える必要不可欠な材料になってきています。レアアースの利用の歴史は浅く、1903年にレアアースの混合金属であるミッシュメタルと鉄との合金による発火石の発明が最初で、ライターに使われました。それ以前は、レアアース鉱床に近い中国の景徳鎮で、レアアースを着色剤として使い、きれいに発色する陶磁器を作っていました。1968年には本格的工業製品への利用が始まり、レアアースの発色を利用して輝く色をつくりだした日立キドカラーテレビ、磁石を利用し、小型・軽量化したソニーウォークマンなどが作られました。

1980年代からハイテクの技術開発とともにレアアースが多用されました。自動車にはエンジンや窓の開閉のモータにネオジム磁石、窓ガラスに紫外線遮断のセリウム、コンピュータにはハードディスク、携帯電話のスピーカーや着信をしらせる振動モータのネオジム磁石などです。蛍光ランプにはユウロピウム、イットリウムによる赤色、セリウムとテルビウムによる青が使われ、レアアースの発光する特徴と光の三原色（赤、緑、青）を利用して白色光をつくりだします。また医療用のMRI（磁気共鳴画像装置）は像を映し出すために造影剤としてガドリニウムを使います。日本が輸入しているレーダー、ミサイル、軍用機などの軍事製品にもレアアースが多用されています。

レアアースを使った製品は、レーザーなど光学的特性を利用したランプや磁石な利用した磁石などが、ほかのレアメタルとの相違になります。レアアースは、レアアースだけを単独で製品に使うわけではなくネオジム磁石は鉄とボロンとネオジムの合金です。ほかのレアメタルやベースメタルとも合金にして製品の機能を高める役割で使用します。

要点BOX
●あらゆるハイテク製品にレアアースはレアメタルとともに利用されるが、とくに光学的特性と磁気的特性を利用した製品が多く、機能を高める

自動車

自動車の部品にたくさんのレアアースを使用

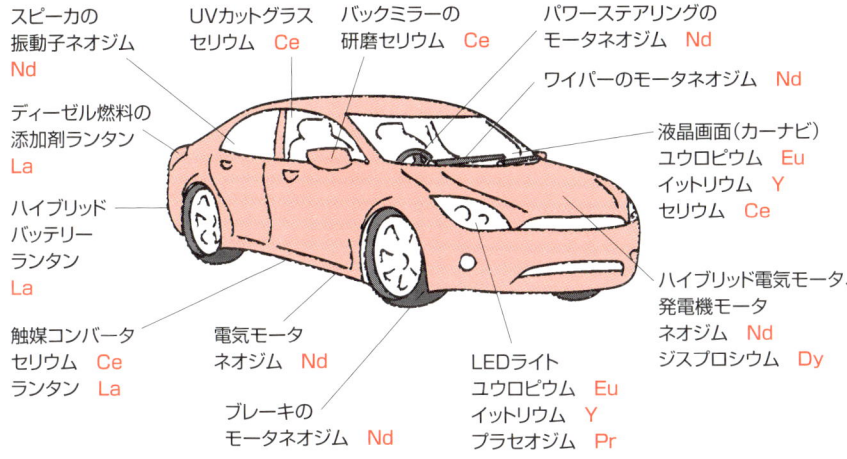

- スピーカの振動子ネオジム Nd
- ディーゼル燃料の添加剤ランタン La
- ハイブリッドバッテリーランタン La
- 触媒コンバータ セリウム Ce ランタン La
- UVカットグラス セリウム Ce
- 電気モータ ネオジム Nd
- ブレーキのモータネオジム Nd
- バックミラーの研磨セリウム Ce
- LEDライト ユウロピウム Eu イットリウム Y プラセオジム Pr
- パワーステアリングのモータネオジム Nd
- ワイパーのモータネオジム Nd
- 液晶画面（カーナビ）ユウロピウム Eu イットリウム Y セリウム Ce
- ハイブリッド電気モータ、発電機モータ ネオジム Nd ジスプロシウム Dy

- ●モーターは1台の車に100個以上のレアアース磁石を使用
- ●磁性、光学的など多種類のレアアースの特性を活かして各所に利用
- ●レアアース磁石によってモーターが小さくなった

コンピュータ

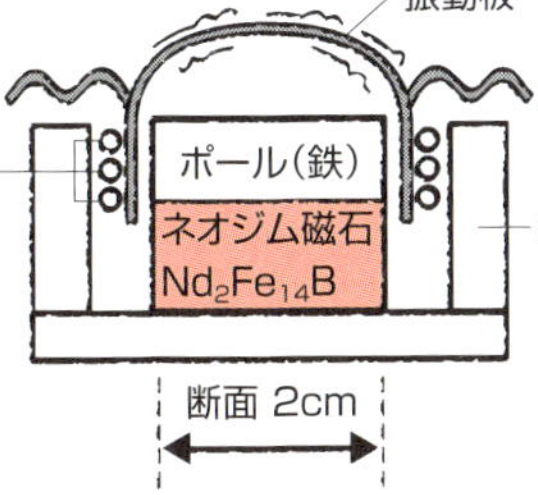

- DVD、CD用駆動モータ ネオジム
- スピーカーの振動子
  - 振動板
  - エッジ
  - ポール(鉄)
  - ネオジム磁石 $Nd_2Fe_{14}B$
  - コイル(銅)
  - ヨーク(鉄)
  - 断面 2cm

携帯電話

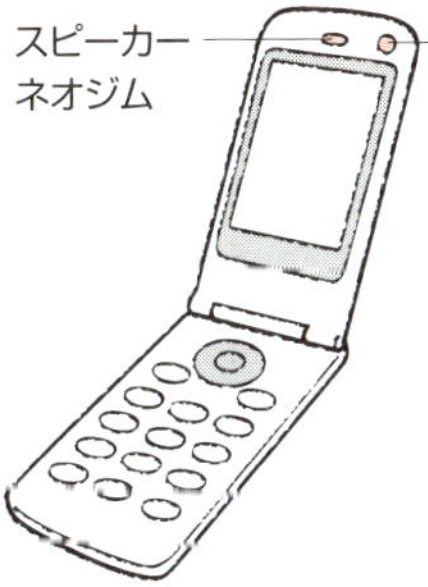

- スピーカー ネオジム
- 振動モータ ネオジム

→ レアアース磁石の多用で製品が小型化、軽量化

第1章 レアアースっていったいなんだろう？

7 レアアースはハイテクを支える調味料の役割

添加剤として素材を変え機能を豊かにする

レアアースには、料理に少し入れるだけで味が一変する「調味料」のような役割があります。

レアアースは磁石のほか、合金や単味の金属やガラスやセラミックなどの素材への添加物としても多用されています。

サマリウム―コバルト磁石では、25％のサマリウムが含まれ、ネオジム―ボロン―鉄磁石では30％のネオジムが入り、レアアースは主役です。

一方、レアアースを脇役として利用する場合も沢山あります。添加物としての利用です。たとえば、0.2％の酸化セリウムをガラスの中に溶かせば、ガラスの中の鉄の青色を黄色に変えて目立たなくし、鉄が多い場合はネオジムなどを併用すれば補色作用で完全に脱色できます。またガラスに酸化セリウムを少し入れれば、紫外線を吸収するガラス、いわゆる「UVカットガラス」になります。1％以下の酸化セリウムをいれれば感光性ガラスとなり、太陽光線があた

るとガラスに着色現象が現れます。カメラなど光学レンズの添加剤として酸化ランタンを使えば、屈折率を大きくします。またアルミージルコン合金にイットリウム0.01％の添加で伝導性を高めます。アルミニウム合金にスカンジウムを0.1～0.5％添加するとアルミニウム合金の強度がたいへん向上し、溶接も可能になります。鉄合金、特殊鋼にイットリウムを添加すれば、高温耐酸化性が向上します。また、レーザーの発光体であるYAG（$Y_2Al_5O_{12}$）は、イットリウムが主要組成となりますが、ネオジムを添加すると連続発振や高出力となります。ネオジムが主役となる磁石にジスプロシウムを添加させると高温での保磁力を高めるため、モータに不可欠です。

レアアースはほんの少量を添加するだけで、このように素材の性質を変貌させたり、高機能にする働きを持っています。ハイテク製品へのレアアースの「調味料」の役割は、今後ますます拡大するでしょう。

要点BOX
●レアアースを少しだけ金属やガラスに混ぜるだけでそれらの性格を様々に変え、これがハイテク技術の土台となっている

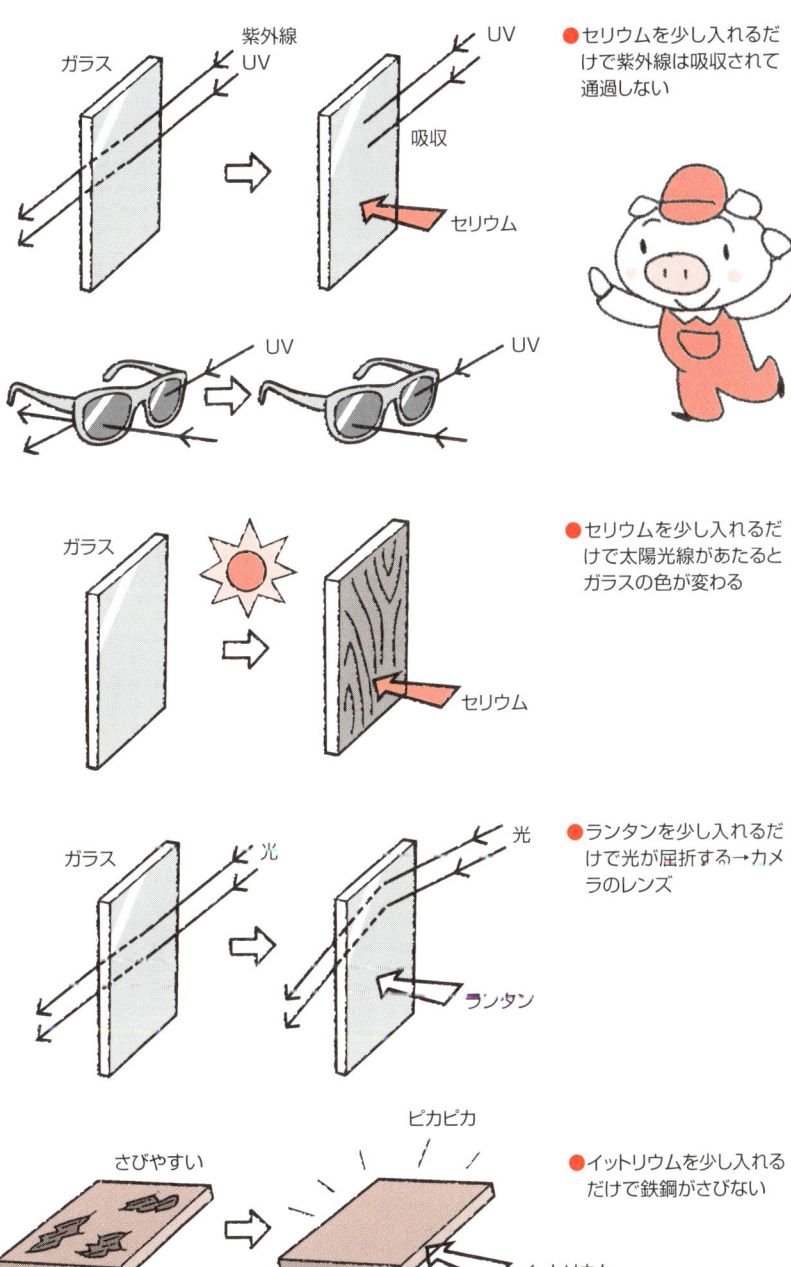

第1章　レアアースっていったいなんだろう？

8 レアアース原料は輸入に依存している

米国も日本も脱中国依存へ

レアアースがないと日本のハイテク産業はなりたたないのですが、日本にはレアアース資源がないため需要の全量を輸入しています。輸入できなくなれば産業に支障をきたし、日本の経済にも影響を与えます。

鉄に比べればわずかな量しか使いませんが、レアアース原料がなければ鉄鋼業も生産できない製品がたくさん生じます。電子産業も生産をストップしなければならないでしょう。自動車も生産できなくなります。

「たかがレアアース、されどレアアース」なのです。

ところが現在、レアアースの全生産量の97％は中国が握っており、米国、インド、ロシア－カザフスタンで残りの僅か3％です。そしてその中国が2006年からレアアースの輸出の削減をスタートさせ、2010年よりその量を拡大、供給障害が起こってきました。

理由は自国でのレアアース使用量を拡大したいため、レアアースを利用したハイテク産業を強化したいためです。

米国も中国のレアアース原料を輸入し、依存しているため、脱中国依存を目指して探査開発を活発化させています。日本もベトナムでレアアース鉱床の開発を促進していますが、資源開発をするとトリウムを処理するか保管しなければなりません。中国の強さの一因は、このトリウム処理にもあります。

レアアース17元素の中で、ランタノイド15元素は原子量の順に並んでいますが、ガドリニウムからルテチウムまでを軽レアアース（軽希土）、ランタンからユウロピウムまでとイットリウムを重レアアース（重希土）と区分しています。この区分は基準として定められてはいません。軽レアアース、中レアアースと重レアアースの三つに区分する場合もあります。

世界中にレアアース鉱床が分布していますが、今間発段階にあるほとんどの鉱床は軽レアアース（軽希土）が主体です。日本が手掛けている資源も軽レアアース（軽希土）です。しかし、ハイテクにはジスプロシウムなど重レアアース（重希土）の必要性も拡大しています。

要点BOX
●レアアースは中国に独占され、日本、米国は中国からの輸入に依存している
●脱中国を目指し探査・開発を活発化させている

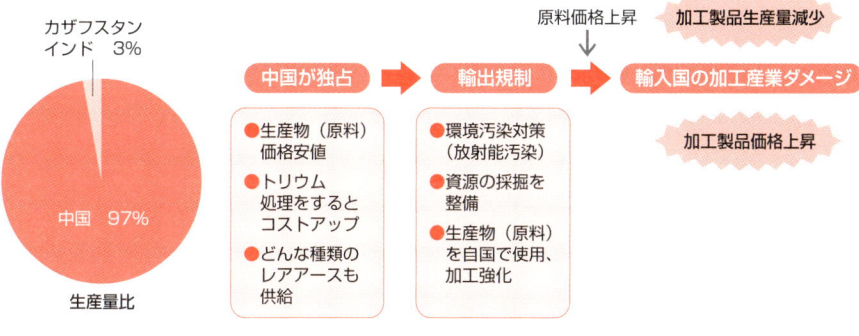

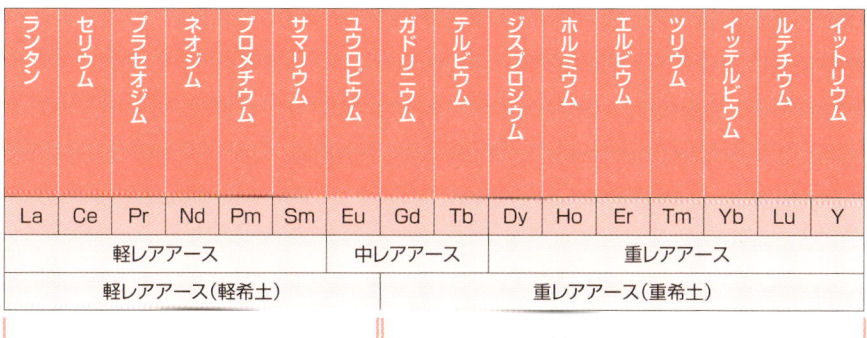

第1章 レアアースっていったいなんだろう？

9 ハイテクには不可欠なレアアース

素材あっての憂いなし

高度先端技術（ハイテク）は日本の産業の土台です。ハイテクを駆使して使いやすい、便利で、効率のよい製品、小型で軽く、環境にもマッチする製品を生み出してきました。日本だけではなく先進国は競ってハイテク製品の開発をしています。代表的な製品は、コンピュータ、携帯電話、ハイブリッド車、電気自動車などです。ハイテクの集積した製品ともいえます。これらの製品をつくりだすために製品のいたるところにレアメタルが使われています。むろんこのような身近な製品ばかりでなくITを支える光ファイバーなどインフラストラクチャーにも使われています。ハイブリッド車で、このような日本が誇るハイテク製品に使われるレアメタルはニッケル、タンタル、インジウム、マンガン、アンチモン、クロム、コバルト、白金、バナジウム、リチウム、タングステン、レアアースなどで、それぞれの機能を発揮しています。レアアースではネオジム、ジスプロシウム、セリウム、ランタンが利用されています。太平洋海底ケーブルの光ファイバーの増幅器にはエルビウムが使われます。どれも欠くことのできないレアメタルですが、とくにネオジム磁石は、その小さくて強力な磁力で、モータを超小型化させ、製品の性能や大きさに大きな影響を与えています。自動車には100個以上のモータがあり、200℃以上の高温のモータにはジスプロシウムの入ったネオジム磁石が不可欠です。

食材がなければ、おいしい料理もつくれません。食材の特徴がわかってこそ、食材の良さを引き出し、食材どうしのコラボレーションによって新しい料理をつくりだします。ハイテク技術もレアメタルの特性を最大限に発揮させてこそ、製品の機能を向上させ付加価値を高めるのです。ネオジムがなければ、ネオジム磁石は作れません。ネオジム磁石がなければ、ハイブリッド車も生みだされません。レアアースという素材あってのハイテクなのです。

要点BOX
● ハイテク製品にはレアメタルが多用され、その中のレアアースもハイテクを支える素材
● 素材があってこそハイテクが生まれ、製品ができる

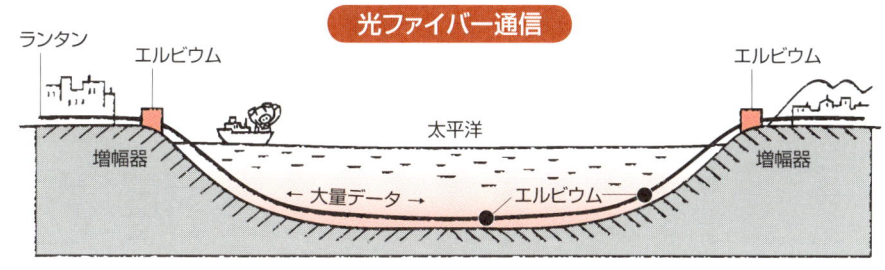

- 光ファイバー：ランタンが入る。データ伝達速度を高める
- 光ファイバー増幅器：エルビウムを使用。大量のデータを長距離送信

素材開発 → 部品開発

- セラミック、ガラス、プラスチック 鉄やレアメタルなどとレアアースを組合せ（混在、混合、化合物）新しい機能をもつ素材を開発する
- ハイテク技術の土台となる

- 開発された素材からつくられる蛍光体、半導体、磁石、触媒各種ガラスなどを利用して、製品をつくっていくための部品を開発する
- ハイテク製品の土台となる

主なハイテク製品

産業	製品	部品等	使用されるレアアース
自動車	電気自動車	モータ	ネオジム、ジスプロシウム
通信	光ファイバーケーブル	増幅器	エルビウム
医療	MRI	造影剤	ガドリニウム
	レーザー手術器	レーザー発振	イットリウム、ホルミウム、ガドリニウム
光学	顕微鏡	レンズ	ランタン
	小型省エネ蛍光灯	蛍光体	イットリウム、ユウロピウム
電子・電気	コンピューター	ハードディスク	ネオジム
	電気毛布	サーモスタット	プロメシウム
軍需	ミサイル	飛行制御モータ	サマリウム
	潜水艦	ソナー	ジスプロシウム、テルビウム
原子力発電	原子炉	中性子吸収材	ガドリニウム
風力発電	風車	モータ	ネオジム、ジスプロシウム

・軍需にはいろいろな機器、機械にレアアースが使われる。
　日本は米国から軍需製品としてできあがったものを輸入

10 どんな産業に使われているの?

加工産業はレアアースがなければなりたたない

レアアースが製品になるまでにかかわる企業はたくさんあります。レアアースの鉱山会社でレアアース鉱石を採掘してレアアース鉱物精鉱を生産します。製錬会社ではこれを化学的に分解してレアアースの10～15元素の混ざった混合レアアース化合物をつくり、トリウムを分けたのち、精錬会社で各レアアース元素ごとの化合物に分離します。分離事業です。この各元素ごとのレアアース化合物はレアアース素材加工や精錬会社によって、さらに純度の高いレアアース化合物にしたり、レアアース金属が生産されます。部品会社が自社がつくる部品に入れるレアアース化合物や金属や磁石を購入して部品を生産します。部品組み立て会社が発注してできあがった部品を組み立てて、最終産品の製品がつくられます。製品は携帯電話やテレビや自動車などです。日本では、この混合レアアース化合物や各元素ごとのレアアース化合物や金属を商社が輸入してレアアース素材加工会社や精錬会社

に販売します。

レアアースが使われる産業は、主として加工産業で電子・電気、鉄鋼、情報、自動車、光学、窯業、機械、エネルギー、原子力、医療機器、軍需など多岐にわたっています。サービスおよび農業や林業、漁業などの一次産業の製品がレアアースと関係しないぐらいで、ほとんどの産業はレアアースの含まれた製品を生産しています。鉱石から製品までいろいろな会社がかかわり、たいへん長い道のりなのです。

鉱山会社とレアアースを部品会社に供給する素材会社がいわば、素材産業はレアアース製品をつくる加工産業を支える土台です。この素材産業が、日本は海外にレアアース鉱山をもっていません。商社が鉱山会社と素材会社の仲立ちをして安定的にレアアースの原料が供給されるような役割を持っています。また、商社は、鉱山に投資をし、供給に支障がでないように努力しています。

要点BOX
- レアアース製品を生産する加工産業の土台は必要なレアアースを加工産業に供給する素材産業
- 商社は素材産業にレアアースを安定供給する役割

産業の流れ

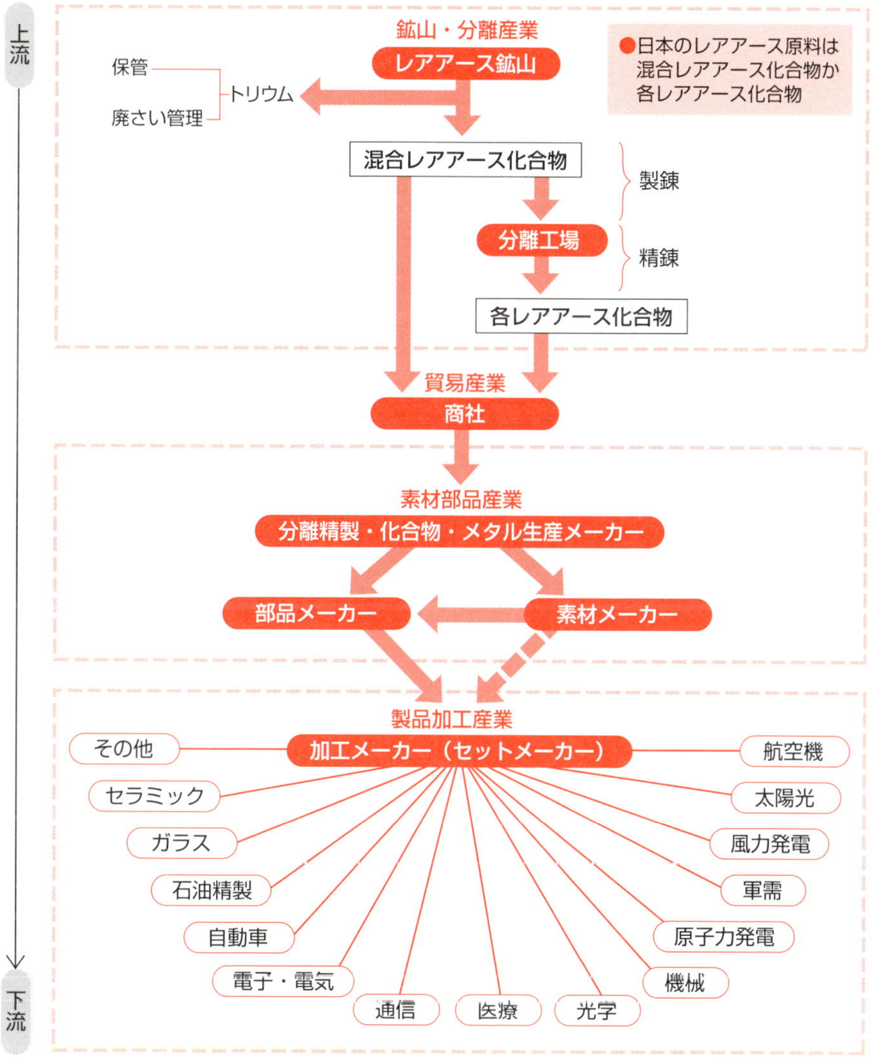

```
                    鉱山・分離産業
                    レアアース鉱山              ● 日本のレアアース原料は
  保管   ┐                                    混合レアアース化合物か
        ├─ トリウム ←                         各レアアース化合物
  廃さい管理 ┘          ↓
              混合レアアース化合物  ┐
                     ↓            ├ 製錬
                   分離工場        ┘
                     ↓            ┐
              各レアアース化合物    ├ 精錬
                                  ┘
                    貿易産業
                     商社
                      ↓
                  素材部品産業
         分離精製・化合物・メタル生産メーカー
              ↓                    ↓
          部品メーカー          素材メーカー

                   製品加工産業
                加工メーカー（セットメーカー）
   その他                              航空機
   セラミック                          太陽光
   ガラス                              風力発電
   石油精製                            軍需
   自動車                              原子力発電
   電子・電気                          機械
        通信    医療    光学
```

- ほとんど全てといっていいほどあらゆる産業にレアアースは利用
- レアアースの鉱山からレアアースが利用されている製品まで川にたとえると上流から下流まで様々な企業がレアアースの利用にかかわる
- 日本には軍需産業以外は、全ての製品加工産業がそろっている。
- 鉱山・分離産業は、日本にはない

第1章　レアアースっていったいなんだろう？

11 まだまだ発見しよう機能ポテンシャル

元素の特性がわかってくると用途開発に結びつく

レアアースの17元素は化学的性質が似ているため見分けがむずかしく、またレアアース鉱物内に10～15元素が一緒に存在しているため、それぞれの元素毎の分離が困難でレアアース元素の特性を見出すのにたいへん時間がかかりました。しかし、分離方法を見つけ、各元素の性質をしらべ、元素の特性がわかってくると用途開発に結びついていきました。

レアアースは酸化物、塩化物、フッ化物などの化合物にまずしますが、同じレアアース元素でもそれらの化合物によって融点や密度など物理的特性が異なります。光学では紫外線の吸収、発光も元素ごとに異なります。共通の特性もありますが、レアアースの特性の研究の歴史は浅く、それぞれの元素に、まだ見出されていない特性がたくさんあるといわれています。

ネオジム磁石が佐川真人博士によって発明されたのは、1982年のことです。それまでネオジムは金属を強くしたり、ガラスの透明度を増すための添加剤として使われていました。ネオジムの磁性の特性を知ったことが、永久磁石の材料になり、小さくて強力な磁石が生まれ、用途の拡大となり、電子製品、電気器具、自動車を軽く、小さくできるようになりました。今や世界中に普及し、ネオジム磁石がなければこれらの製品がつくれないほどです。ジスプロシウムのネオジム磁石への添加でモータの高温化に耐えられる磁石も生まれました。しかし、機能が優れ、最近需要が増加したため、ネオジムもジスプロシウムも資源が不足する事態となり、ネオジムやジスプロシウムを使わない代替の研究も始まっています。

もっと小さく、もっと強く、もっと丈夫に、もっと速く、もっと明るく、というような必要性が生じてくれば、レアアースはこのような要求にこたえられる可能性を秘めています。合金や触媒やレアアースが得意とする光学や磁性分野で新たな機能が見つかるポテンシャルがレアアースにはあるのです。

要点BOX
● レアアースの特性の研究の歴史は浅く、合金や触媒やレアアースが得意とする光学や磁性分野で新たな機能が見つかるポテンシャルがある

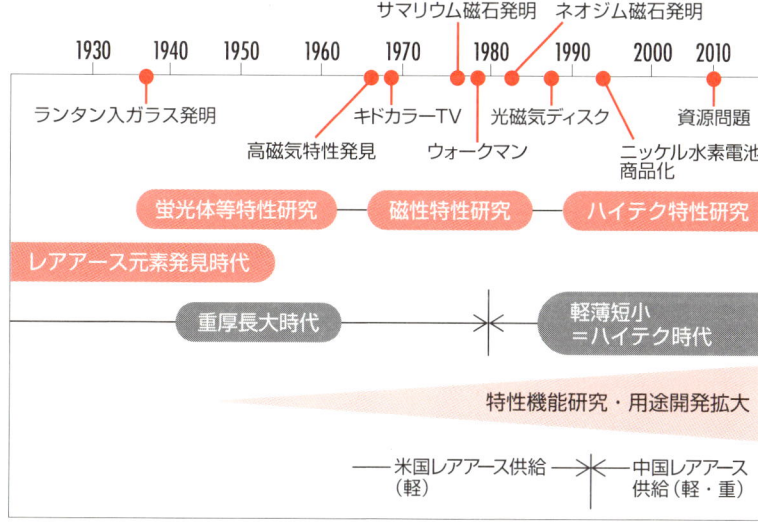

第1章　レアアースっていったいなんだろう?

12 用途がないレアアースや在庫になっているレアアースはどうなるの?

レアアース事業はバランス産業

レアアースはレアアース鉱物を構成しているレアアース元素を抽出しますが、レアアース鉱物の種類や産地によって鉱物に含まれるレアアースの元素の量と種類が異なります。含まれている元素はまずレアアース元素が混合した化合物にします。各レアアース元素はいっぺんに分離できるわけではなく、一種類ずつの元素を酸化物、塩化物、フッ化物などの化合物にして分離していきます。10～15種類ほどの元素が鉱物に入っていますので、これらの化合物が生産物となります。

生産物は、全部売れるとは限りません。マーケットでは、必要なレアアース元素化合物が売買されるので、不必要なものは在庫となって倉庫に積まれます。あるいはある化合物は全部売れ、足りなくなります。したがってマーケットのニーズと同様なレアアース鉱物の元素構成比をもつ資源の開発が理想的です。しかし、たとえ理想的な資源の開発ができても、用途開発である元素の需要が大幅に増加したり、ある元素の需要が減少したりすれば、在庫がでたり、不足になったりします。現代の技術は日進月歩です。テレビのブラウン管の鮮やかな発色にレアアースが活躍していましたが、今は液晶となり、レアアースは脇役です。80年代、サマリウム磁石が発明され、サマリウムの需要が急成長しましたが、値段が高いことと、同等の機能を持つネオジム磁石によって需要が大きくかわりました。

このようにマーケットは安定していません。米国カリフォルニア州のマウンテンパス鉱山では9種類のレアアース元素をもつ化合物の生産を再開しますが、この鉱山のレアアース鉱物はセリウムが多く軽レアアース元素が主体です。セリウムは在庫となる可能性が高いため、排水の浄化にセリウムを使用する用途を開発しています。在庫が出れば用途開発のきっかけになります。レアアースは生産量と販売量の差が大きくならないようにしていく「需給バランス産業」と言えます。

要点 BOX
● 自然界に存在しているレアアース鉱物のなかの元素と量が生産物と量を決定し、マーケットの需要とは一致しない。生産物と需要のバランスが重要

各鉱石から混合レアアース1tを分離した場合の生産量(kg重量)

	レアアース酸化物	バストネサイト	モナザイト	ゼノタイム	イオン吸着鉱	
					竜南鉱	尋烏鉱
軽レアアース(軽希土)	La_2O_3 ランタン	320	239	5	21.8	298.4
	CeO_2 セリウム	490	460.3	50	10.9	71.8
	Pr_6O_{11} プラセオジム	44	50.5	7	10.8	71.4
	Nd_2O_3 ネオジム	135	173.8	22	34.7	301.8
	Sm_2O_3 サマリウム	5	25.3	19	23.4	63.2
	Eu_2O_3 ユウロピウム	1	0.5	2	1	5.1
重レアアース(重希土)	Gd_2O_3 ガドリニウム	3	14.9	40	56.9	42.1
	Tb_4O_7 テルビウム	0.1	0.4	10	11.3	4.6
	Dy_2O_3 ジスプロシウム	0.3	6.9	87	74.8	17.7
	Ho_2O_3 ホルミウム	0.1	0.5	21	16	2.7
	Er_2O_3 エルビウム	0.1	2.1	54	42.6	8
	Tm_2O_3 ツリウム	0.2	0.1	9	6	1.3
	Yh_2O_3 イッテルビウム	0.1	0	62	33.4	6.2
	Lu_2O_3 ルテチウム	0.1	0.4	4	4.7	1.3
	Y_2O_3 イットリウム	1	24.1	608	640.1	100.7

・バストネサイト:米国　・モナザイト:西オーストラリア　・ゼノタイム:マレーシア　・イオン吸着鉱:中国
レアアース新金属協会(1989)に基づく

- バストネサイトはランタン、セリウムが大半。重レアアースは微量
- モナザイトはセリウム、ランタン、ネオジムが主体。重レアアース少量
- ゼノタイムは、イットリウムが主体。ランタン、セリウム、ネオジムなど軽レアアースは少量
- イオン吸着鉱の尋烏鉱(シュンウーこう)はランタン、ネオジムが中心。
  竜南鉱(ロンナンこう)は重レアアース主体

生産量(各レアアース化合物) − 需要(販売量) < 0 ➡ 生産量不足
　　　　　　　　　　　　　　　　　　　　　　> 0 ➡ 在庫発生

生産量　　バランスが重要　　販売量

- 中国以外は軽レアアース主体の資源から生産。重レアアースは中国に依存しなければならない。現状は軽レアアースが在庫状況(Ndを除く)。重レアアース不足

バストネサイトを開発すると

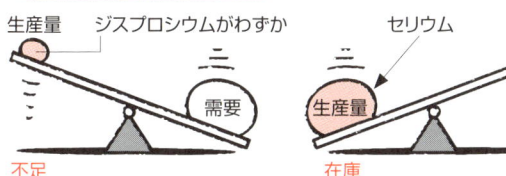

生産量　ジスプロシウムがわずか　　セリウム　需要
　　　　　　　　　　　　　　　　　　　生産量
需要
不足　　　　　　　　　　　　　　　　　在庫

- 2000年以降電気自動車の増大でジスプロシウムの需要拡大
- 在庫のレアアース元素の用途開発で少しでも在庫量を減らす必要

第1章　レアアースっていったいなんだろう？

13 レアメタルのなかでレアアースの魅力はまだまだ拡大

レアメタルの中でも際立った力

レアメタルは「産業の生命線」と呼ばれ、あらゆる産業で活躍しています。レアメタルのなかのレアアースは17元素のグループだけに活躍の分野が広すぎて、たくさんの特性を持ち機能をリストアップするだけでも膨大すぎて一言ではまとめられません。野球でいえば全てのポジション、全打順の役割を担えるほどの多様性と器用さを持ちます。ネオジムのように世界に影響を与えるほどの強打者も揃っています。光学性、磁性ではほかのレアメタルがかなわないほどの特性を発揮します。「能ある鷹は爪を隠す」と言われますが、レアアースの隠された能力を見つければ、産業への革命をもたらすほどの際立った力をもっており、用途を拡大し、年々需要も増大しています。2050年には80万トンという供給予測もあり、今の6倍に達するかもしれません。

中国がこのレアアースだけで日本や米国をてんてこ舞いにさせるほどの力をもっていることに気がついてきました。さらにレアアース鉱物と一緒に含まれているトリウムを発電のエネルギーに利用すれば、レアアース資源の価値は増大します。レアアース資源は世界各所に存在し、「レア」では無くなりつつあります。資源を構成するレアアース鉱物にはハイテクの素材とエネルギーの素が入ります。3700種類と言われる様々な鉱物の中で極めて「レア」な鉱物だと言えます。ポリエステルを燃えにくくするアンチモンはアンチモン鉱物からアンチモンを取り出すだけです。液晶ディスプレイにつかうレアメタルのインジウムは亜鉛の精錬で必要なレアメタルを鉱物から取り出す取り出します。ほかのレアメタルはレアアースほど厄介ではありません。またレアメタル資源は、レアアースだけのレアアース鉱床の場合は少なく、ジルコンやチタンのようなレアメタル鉱床の副産物として存在することが多く、またトリウムという放射性元素が鉱物に含まれており、レアアースの抽出は複雑なのです。

> **要点BOX**
> ●光学性、磁性ではほかのレアメタルがかなわないほどの特性を発揮し、需要は増大している。しかし、レアアース鉱物からレアアースを取り出すのは複雑

レアメタルの特性

- ●レアメタル元素が単独あるいは複合して機能を発揮→用途拡大
- ●まだまだ魅力をもつ産業を大きく変える特性が発見されていく可能性大

レアアース元素の特性拡大ポテンシャル

レアメタルは産業の生命線

レアアース17元素の特性範囲

レアアースを除くレアメタル30元素の特性の拡大ポテンシャル

レアアースを除くレアメタル元素の特性範囲

特性: 光電変換、電気、半導体、脱色着色、超電導、光学、耐食、電導、触媒、磁性、放射性、耐熱、合金、熱電変換

レアアース鉱物からレアアースを取り出し→複雑

レアアース鉱物（トリウム Th、レアアース元素）
→分解→混合レアアース化合物
→分離精製→各レアアース化合物・メタル→ハイテク素材
トリウム→将来のエネルギー源

レアアース鉱物（トリウム Th、タンタル Ta、ニオブ Nb、レアアース元素）
→分解→混合レアアース化合物
→分離精製→ハイテク素材
タンタル→製錬→タンタル化合物、メタル
ニオブ→製錬→ニオブ化合物、メタル
トリウム→将来のエネルギー源

亜鉛鉱物（亜鉛、インジウム）
→製錬→亜鉛→電気分解→電気亜鉛→インジウム
→製錬スラグ

レアアースほどインジウムの取り出しは複雑ではないが、亜鉛鉱物に数百ppmぐらい入っていないと経済的にとり出せない

レアメタル鉱石の副産物としてのレアアース

レアメタル鉱石（レアアース鉱物、チタン鉱物、タンタル鉱物、ジルコン鉱物）

- レアアース鉱物→分解、分離、精製→レアアース化合物、メタル／トリウム
- チタン鉱物→製錬→チタン化合物、メタル
- タンタル鉱物→製錬→メタル化合物

Column

原料を中国に完全制覇された米国や日本

尖閣諸島の事件を契機に、中国から日本へのレアアース原料供給問題がクローズアップされ、連日「加工産業が危ない！」とメディアで報道されました。レアアース資源を豊富に持つ米国でも、中国への依存が高いため、当面の原料確保が大問題となっています。

米国ではレアアースを多用している軍需産業が経済を支えています。そのため、レアアースの原料から加工までの一貫体制づくりの法案も議会に提出され国家レベルでの議論を始め、米国、欧州、日本は政府レベルの会議を開催し、問題の解決に取り組み始めました。

レアアース事業はいまのところ先進国の産業です。先進国はそこから中国のダンピング攻勢でレアアースの値段がどんどん下がり、結局、採算性の見通しも立たないため、ジョイントベンチャーから撤退を余儀なくされました。「原料は買えばいい」という考えが、企業や政府の間で普通になったことも大きな撤退の理由です。日本ももう一歩でレアアース資源獲得ができるところだったのです。

今や「買えばいい」という考えは通用しない資源争奪の世界情勢です。原料がなければ産業の維持がもろくなることを露呈したわけです。

に依存しないレアアース資源を世界中で探していました。中東のオイルのように、中国が1992年にレアアースで世界をコントロールする戦略を発表する前のことです。2011年オーストラリアのマウント・ウェルドレアアース鉱床が生産が始まりましたが、トリウムも少なく、日本のハイテクに必要なレアアース元素も十分にあり、探査後の採算性評価を行う段階から日本企業は50％の権利をもって、当時ダイヤモンドの鉱山事業をしていたアシュトンマイニングとジョイントベンチャーをつくりました。シドニーとメルボルンと砂漠の現場で共同作業を行い、「採算性が合いそうだ、開発できる」という結論に達しました。ところがこの頃から中国のダンピング攻勢でレアアースの値段がどんどん下がり、結局、採算性の見通しも立たないため、

日本のレアアース分離事業を持つ鉱山会社は、1990年頃中国

尖閣諸島

第2章
レアアース資源をどのように探すのか？

第2章 レアアース資源をどのように探すのか？

14 たくさんあるレアアース資源—世界の埋蔵量分布は？

鉱物資源は一般に地殻に偏在し、量が少なく、有限であるという特性を持ちます。レアアースは特にその性質が強く、レアアース資源が分布する国が極めて限られています。

特に、中国、ロシア、米国で世界埋蔵量の70％を占めます。中国には世界埋蔵量の36％も集中しています。レアアース生産国になるとさらに限定されます。1990年まではアメリカが主要生産国であり、他に中国、旧ソ連、豪州、インド、ブラジル、マレーシア、南アフリカ、スリランカ、タイ、ザイールなど産出・生産国は多岐にわたっていました。ところが、その後主要生産国は中国に移り、2001年以降は米国が、生産を停止しました。その結果、生産国は世界比率で97％が中国、2％がインド、ブラジル、カザフスタンとマレーシアで1％と極めて特異な生産事情に至っています。これは中国の国策とコスト、そして軽～重レアアースすべてがバランス良く中国に埋蔵していることが要因です。

鉱物およびエネルギー資源量を埋蔵量（埋蔵鉱石量）といいます。埋蔵量は利潤を持って採掘・利用できる鉱石量のことです。左表下に、代表的な鉱物資源の2011年における世界埋蔵量を示します。ここで分かることは、レアアース埋蔵量は、決して多くはありませんが、他の金属資源と比べても格別少ないわけでもありません。また、資源利用の将来予測には、（資源埋蔵量）／（最近1年間の資源生産量）の値が指標とされます。この値を資源の「可採年数」といいます。ほとんどの資源金属が50年以下を可採年数とするのに対して、レアアースは750年と非常に長期です。表に示すように、レアアースの年間世界生産量は2010年で13・4万トンで、埋蔵量に対して多いとは言えません。ただし、今後需要度は増加するでしょう（143ページ参照）。

鉱物資源は有限？

要点BOX
● 鉱物およびエネルギー資源量を埋蔵量（埋蔵鉱石量）といい、埋蔵量は利潤を持って採掘・利用できる鉱石量のこと

レアアース生産量の国別推移と2010年における埋蔵量

国名/年	1983	1985	1987	1989	1991	1995	1997	1999	2000	2001	2003	2005	2008	2010	埋蔵量
中国		8,500	15,100	25,200	16,150	48,000	53,000	70,000	73,000	80,600	90,000	119,00	120,000	130,000	55,000,000
ロシア				7,626	6,138	2,000	2,000	2,000	2,000	2,000	2,000				19,000,000
キルギスタン				696	721	2,750		6,115		3,800					
米国	17,083	13,428	11,100	20,787	16,465	22,200	10,000	5,000	5,000	5,000					13,000,000
豪州	8,328	10,304	7,047	7,150	3,850	110									5,400,000
インド	2,200	2,200	2,200	2,366	2,200	2,750	2,750	2,700	2,700	2,700	2,700	2,000	2,700	2,700	3,100,000
ブラジル	2,891	2,174	2,383	1,377	710	103			200				650	550	48,000
マレーシア	601	3,869	1,618	1,700	1,093	452	422	631	450	281	450	750	380	350	30,000
南アフリカ			660	660	237										
スリランカ	165	110	110	110	110	110	110	120	120						
タイ	164	459	270	368	229		7								
ザイール	6		53	96	66	5									
モザンビーク	2	2													
合計	31,440	41,048	40,541	68,155	47,978	75,730	68,289	86,566	83,470	94,381	95,150	121,750	124,000	133,600	99,000,000

単位は酸化レアアース（REO）/トン

Castor and Hedrick(2006), USGS report (2011) 引用
Coster, S. B. and Hedrick, J. B. (2006) : Rare earth elements. In Kongel, J. E., Trivedi, N. C. Barker, J. M. and Krukowski, S. T., eds., Society for Mining, Metallurgy and Exploration, Colorado, 769-792.

2010年の鉱物資源の埋蔵量と生産量

金属	確定世界埋蔵量(t)	年間世界生産量(t)	可採年数(年)
Al	25,000,000,000	177,000,000	141
Sb	1,800,000	11,200	161
Cr	810,000,000	20,000,000	41
Co	7,000,000	57,500	122
Cu	480,000,000	16,300,000	19
Au	42,000	2,500	17
In	11,000	450	24
Fe	79,000,000,000	858,000,000	92
Pb	57,000,000	3,300,000	17
Li	4,100,000	21,100	194
Mo	8,600,000	179,000	40
Ni	64,000,000	1,550,000	41
PGM	71,000	445	160
REE	100,000,000	134,000	750
Ag	270,000	19,500	14
Ta	43,000	1,200	36
Sn	6,100,000	273,000	22
W	2,900,000	73,300	40
V	13,000,000	624,00	208
Zn	220,000,000	10,000,000	22

PGM : Pt-Group Minerals, REE : Rare Earth Elements（レアアース） 　　　出典：USGS (2011)

第2章 レアアース資源をどのように探すのか?

15 鉱物と鉱石、それに鉱床はどのような関係

鉱石鉱物を多量に含むほど価値が高い

鉱物には、鉱石鉱物と脈石鉱物があり、鉱石は主として鉱石鉱物の集合体であり、経済的価値をもちます。鉱石鉱物は有用成分より構成され、脈石鉱物は不用成分より構成されます。資源の価値評価は鉱石の評価が基本になります。資源の価値評価は鉱石の評価が基本になります。すなわち、鉱石鉱物を多量に含むほど経済性が高いことになり、有用成分(今の場合にはレアアース)含有量、すなわち鉱石品位が高いということになります。

一方、脈石鉱物の含有量の増加に伴って鉱石品位は低くなり、経済的価値は低くなります。鉱石は実際には脈石鉱物の方が圧倒的に多いのが一般です。レアアース含有量が1%以下～数%で十分に経済的価値が有ると評価されることからも分かるでしょう。鉱床生成時には大量の脈石鉱物が形成され、その過程の中で鉱石鉱物が形成されます。

鉱床は、鉱石と母岩で構成されます。母岩は、鉱床が形成される前にその場に存在していた岩石のことです。母岩中に鉱石が点在することもあり、鉱石鉱物の含有量によっては母岩が鉱石と評価される場合もあります。

また、鉱床は採掘対象となる物質、今の場合にはレアアースが採掘可能な最低品位以上の濃度で濃集している地殻の部分です。採掘可能な最低品位が要求されるのは、その品位よりも低い場合には、採掘した鉱石から回収できるレアアース金属量が少なく、それだけ不用廃棄物の量が多いことになります。これは、利潤を求める資源産業からみるとコストに見合わず、採掘対象にはなりません。少なくとも、鉱床は、平均品位が最低採掘品位以上であることが要求されます。

そして最低採掘品位は、鉱床の場のインフラストラクチャー、人件費、技術力、それに金属の価格、為替経済条件など様々な要因により決められます。

要点BOX
● 鉱物には、鉱石鉱物と脈石鉱物があり、鉱石鉱物は有用成分より構成され、脈石鉱物は不用成分より構成される

レアアース鉱石試料（中国内モンゴルバイユンオボ鉱床産）の写真

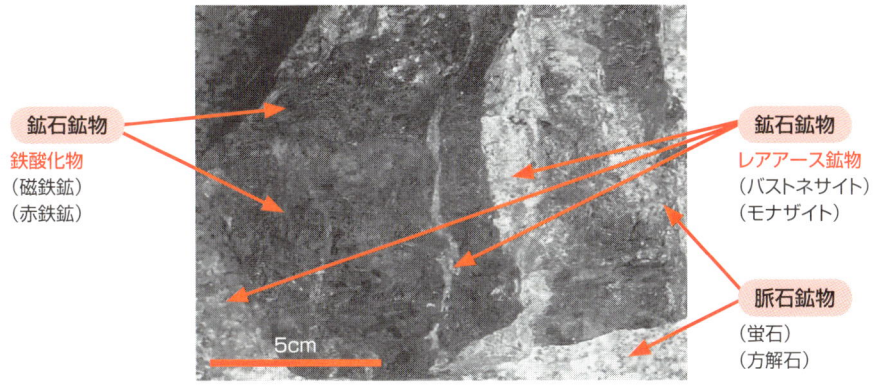

鉱石鉱物
鉄酸化物
（磁鉄鉱）
（赤鉄鉱）

鉱石鉱物
レアアース鉱物
（バストネサイト）
（モナザイト）

脈石鉱物
（蛍石）
（方解石）

5cm

鉱石鉱物はレアアース鉱物のバストネサイト、モナザイトで黄色部に分布します。
また、磁鉄鉱や赤鉄鉱などの鉄酸化物鉱物も共存します。また、蛍石や炭酸塩鉱物などの
脈石鉱物も共存します。

レアアース鉱床図

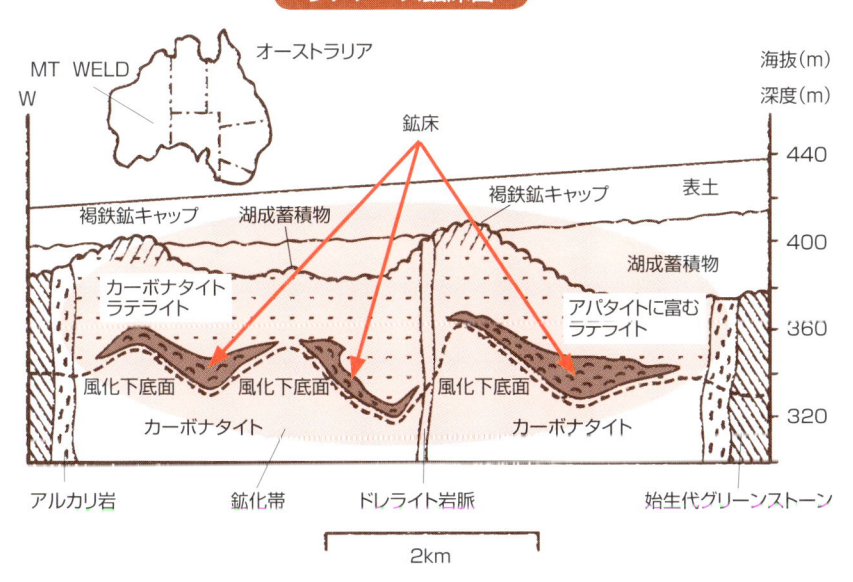

MT WELD
W
オーストラリア

海抜(m)
深度(m)

鉱床
褐鉄鉱キャップ　　湖成蓄積物　　褐鉄鉱キャップ　　表土
カーボナタイト　　　　　　　　　　アパタイトに富む
ラテライト　　　　　　　　　　　　ラテライト
風化下底面　　風化下底面　　風化下底面
カーボナタイト　　　　　　　　　　カーボナタイト
アルカリ岩　　鉱化帯　　ドレライト岩脈　　始生代グリーンストーン

440
400
360
320

2km

　西オーストラリアのMt. Weld（マウントウェルド）鉱床の模式断面図。鉱床は、カーボナタイト鉱床は、カーボナタイト貫入岩体頂部で、サークルで囲った領域に相当します。地表下数十下位（風化下底面直上）に燐灰石（アパタイト）と針鉄鉱よりなるラテライト鉄鉱石帯があり、この中にバストネサイトやモナザイトなどのレアアース鉱石鉱物が分布し、REO品位で0.1～1.0％ 含まれます。風化残留型鉱床ともいわれます。最上位に帽状に分布する風化残留型の褐鉄鉱帯にもREOが0.5～30％含まれます。この両者の間のカーボナタイトは弱風化帯でラテライト化しており、REO品位で0.1～0.2％のレアアースを含みます。この鉱床皿は、カーボナタイト、その周囲のアルカリ岩それにグリーンストーンは母岩という位置づけになります。

16 レアアース鉱物種は豊富だが経済的な工業原料対象は少ない

鉱物の種類は豊富

レアアースは、地殻元素存在度（クラーク数）から検討すると意外に多いことが分かります。例えば、セリウム（クラーク数＝60ppm）は、銅や鉛よりも多いのです。地殻中のレアアース含有量が多いということは、一般的にはレアアース鉱物が生成する可能性が大きいということです。

レアアース鉱物は、温度や圧力それに化学的環境などに敏感に反応して生成されます。このことは、レアアース鉱物種は鉱床の生成タイプによってその産出が規制されることを意味します。このことが、鉱物種が多いのにもかかわらず、工業的価値がある鉱物種が限定されるのに関連します（左表参照）。これらの鉱物種は、温度や圧力などの生成条件が比較的広いために多量に生成するともいえます。

前述のように、レアアースは原子番号57のランタンから62のサマリウムを軽レアアース、63のユウロピウムから65のテルビウムを中レアアース、66のジスプロシウムから71番のルテチウムとイットリウム、スカンジウムを重レアアースと分類され、近年は、ハイテク産業の進展に伴って重レアアースの需要が上昇しています。

軽レアアースは元素の硫酸カリウム複塩が水に不溶な化学的特徴をもち、セリウム族とも分類されます。中レアアースの硫酸カリウム複塩は難溶でテルビウム族とも分類され、重レアアースは可溶性の化学的性質をもちイットリウム族とも分類されます。

レアアース元素は必ずしもレアアース鉱物を形成して存在するとは限りません。脈石鉱物のアナターゼ（TiO_2）、燐灰石（$Ca_5(PO_4)_3(F, Cl, OH)$）、緑泥石（$(Mg, Al)_{12}(Si, Al)_8O_{20}(OH)_{16}$）、斜長石（$(Ca, Na)(Al, Si)_4O_8$）などにレアアースが、イオン置換や吸着および付着など様々な要因で微量固溶し、資源評価、採掘鉱量に影響を与えます。

要点BOX
● 資源量を評価し、可採鉱量を求めるに当たっては脈石鉱物のレアアース含有量も考慮する必要がある

地殻の元素存在度（Si=10⁶として規格化しています）

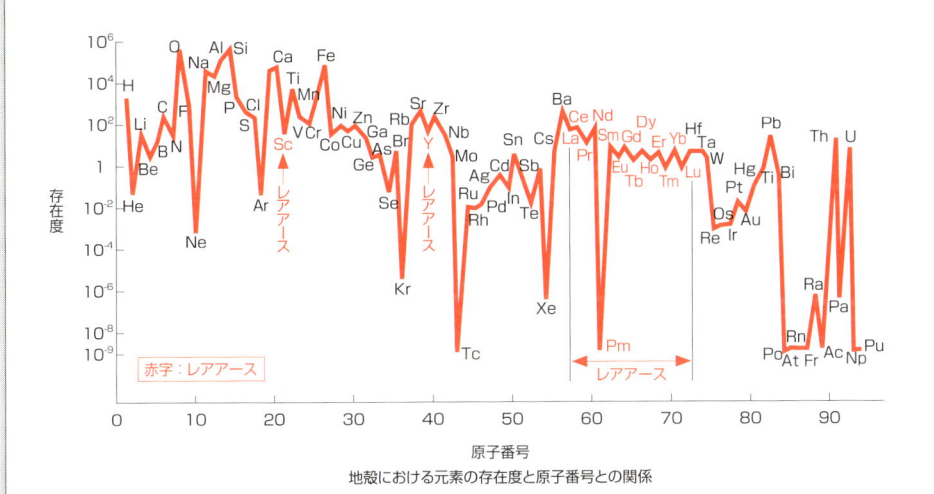

地殻における元素の存在度と原子番号との関係

赤字：レアアース

レアアース鉱物の種類と微量成分レアアース存在状態

工業的価値のあるレアアース鉱物種、および各種元素の微量元素存在状態

主要元素	鉱石鉱物	微量元素
Y	ゼノタイム:YPO_4, ガドリン石:$(Y,Gd)_2FeBe_2Si_2O_{10}$	モナザイトに固溶して存在。
La	フェルグソン石:$(La,Y)(Nb,Ta)O_4$	モナザイトに固溶して存在
Ce	モナザイト:$(Ce,La,Nd,Th)PO_4$, バストネサイト:$Ce(CO_3)$	
Pr		モナザイトやバストネサイトに固溶して存在
Nd		モナザイトやバストネサイトに固溶して存在
Pm		放射性元素でウラン鉱石中に随伴
Sm	サマルスキー石$(Y,Sm,Er,CeFe,Ca)(Nb,Ta,Ti)O_4$	モナザイト、バストネサイト中に固溶して存在
Eu	ユウクセ石:$(Eu,La,Ce,Ca,U,Th)(Nb,Ta,Ti)_2O_6$	モナザイトやバストネサイトに固溶して存在
Gd	ガドリン石:$(Y,Gd)_2FeBe_2Si_2O_{10}$	モナザイト、ガドリン石、バストネサイト中に固溶して存在
Tb		ゼノタイム中に固溶して存在
Dy		ゼノタイム、ガドリン石中に固溶して存在
Ho		ゼノタイム、ガドリン石中に固溶して存在
Er		ゼノタイム、ガドリン石中に固溶して存在
Tm		ゼノタイム、ガドリン石中に固溶して存在
Yb		ゼノタイム中に固溶して存在
Lu		モナザイトやバストネサイトに固溶して存在

用語解説

クラーク数：地殻における元素の平均重量百分率。

第2章　レアアース資源をどのように探すのか？

17 どのようにレアース資源はできたのだろう

レアアース鉱床は火成岩が原点

レアアース元素は、地殻中のあらゆる岩石中に分布します。それらが、地質作用によって地殻平均組成の1000倍あるいは1万倍以上濃集し、その濃集規模が経済的価値を持つと評価されれば、その場は鉱床・鉱山と認定されます。

地殻中に分布するレアアースは、そもそも宇宙空間の星間物質にその起源があります。左図に固体地球の各種岩石のレアアース含有量と原子番号との関係を示します。上図が代表的な火成岩中のレアース含有量パターンです。各元素の縦軸の値と原子番号との関係は、ジグザグパターンを示すことがわかります。下図は、ジグザグパターンを消去するために隕石のそれぞれのレアアース量との比をとり規格化したものです。スムーズな曲線パターンになり、マントルを除く各種火成岩の組成値のほうが隕石よりも1桁～2桁高く、軽レアアースの方が、より酸性の火成岩に濃集する傾向にあることも分かります。イオン半径が、

軽レアアースの方が重レアアースよりも大きいため、軽レアアースは液相のマグマの方に、重レアアースは固相の鉱物の方に移行する物理化学的性質があるからです。マグマ固結作用の最終産物が花崗岩などの酸性火成岩です。このことが、軽レアアースが酸性火成岩により多量に濃集する理由です。また、堆積岩は基本的に火成岩由来の物質より構成されますから、火成岩の特徴をかなり反映し、同様のパターンを示すと考えられます。地殻の下層に分布するマントルが、隕石のパターンと同様で、ほぼ2～3倍高い程度です。地球周縁部の地殻の方により多量のレアアースが濃集する傾向にあることが示唆されます。地球創生期に地殻内に封じ込められたレアアースが、その後の進化や地殻の地質作用により酸性の火成岩の方に濃集したと考えられます。レアアース鉱床は火成岩そのものの場合もありますが、風化・堆積作用よりレアアースが濃集し、品位の良い鉱床が形成されます。

要点BOX
●全ての火成岩、特に酸性火成岩がレアアース鉱床を形成するわけではない

44

地殻各種岩石、マントル、それに隕石中のレアアース濃度

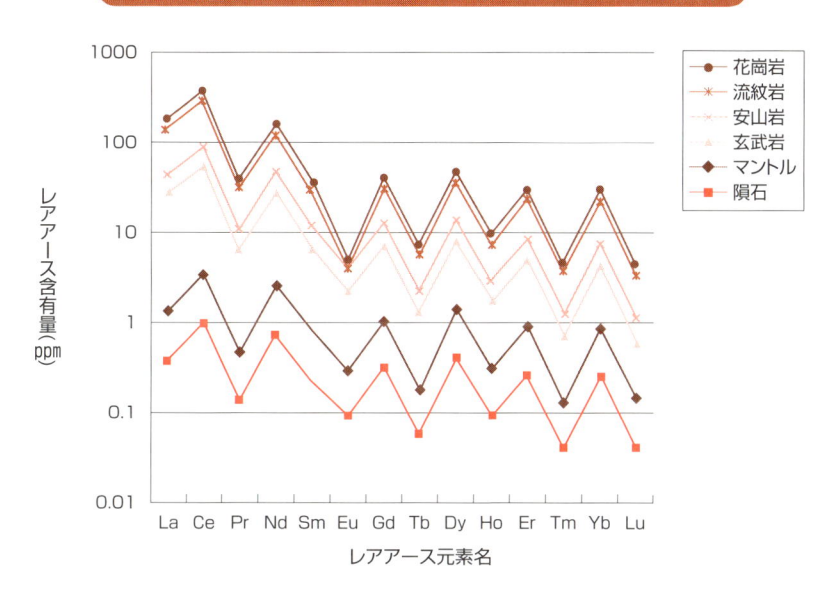

縦軸：レアアース含有量（ppm）
横軸：レアアース元素名

凡例：花崗岩、流紋岩、安山岩、玄武岩、マントル、隕石

La Ce Pr Nd Sm Eu Gd Tb Dy Ho Er Tm Yb Lu

隕石のレアアース濃度で、各種岩石のレアアース濃度との比でしめした、基準化した図

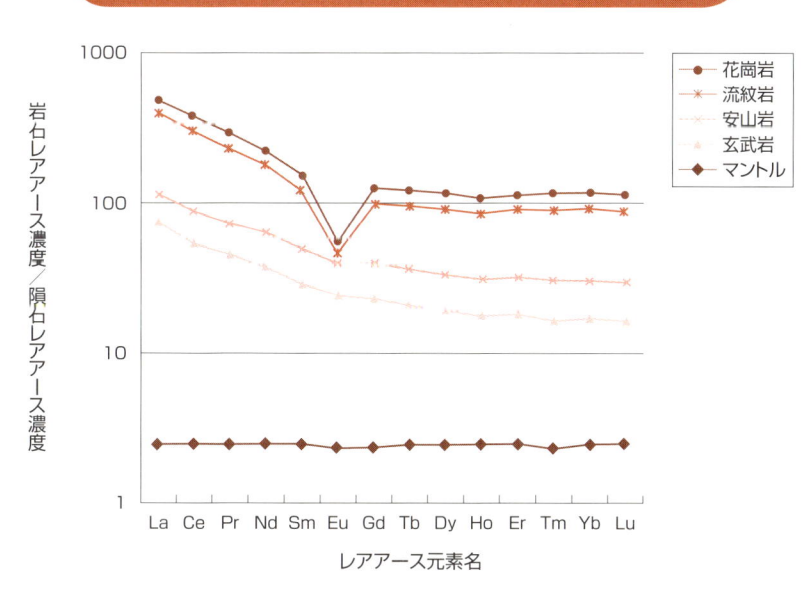

縦軸：岩石レアアース濃度／隕石レアアース濃度
横軸：レアアース元素名

凡例：花崗岩、流紋岩、安山岩、玄武岩、マントル

La Ce Pr Nd Sm Eu Gd Tb Dy Ho Er Tm Yb Lu

第2章 レアアース資源をどのように探すのか？

18 なぜ様々なタイプの資源があるのだろう

酸性火成岩の生成と密接な関連

レアアース資源は、前述の酸性火成岩中のレアアースパターンよりわかるように、酸性火成岩の生成と密接に関連します。酸性火成岩は、マグマの固結化作用の最終産物です。さらにマグマ残液はシリカ成分に富んでいて花崗岩頂部やその周辺に集まります。この残液が固結化しシリカに富む岩石のペグマタイトが生成されます。この岩石は、さらにレアアースに富みます。歴史的には、ペグマタイトからの採掘が、レアアース資源開発の始まりです。その後19世紀から20世紀中期にかけて、ペグマタイトや花崗岩の風化作用により形成された風化堆積型の漂砂鉱床がレアアース供給源でした。

20世紀中期以降は、レアアースは様々な鉱床タイプから採取されてきています。レアアースは、マグマ固結化作用に伴って様々な火成岩中に分配され、それらが火成岩を源岩として生成される堆積岩に再分配されます。また、特殊な熱水作用によりレアアースは濃集されたりもします。

レアアース資源の鉱床は、マグマ型鉱床、熱水型鉱床、堆積型鉱床の3タイプに大別できます。マグマ型鉱床はさらに、①レアアースがマグマ固結化作用プロセスの中で火成岩中に濃集するタイプの鉱床、②炭酸塩マグマの固結化に伴って生成する石灰岩にレアアース鉱物が濃集するカーボナタイト鉱床、③マグマ固結化の最末期の岩石中にレアアースが濃集するペグマタイト鉱床、に分けることができます。

レアアース資源開発の歴史は、ペグマタイト鉱床が出発でした。近年は、主にカーボナタイト鉱床が主要採掘対象といってよいでしょう。熱水成鉱床は、ナトリウムおよびカリウム成分に富むアルカリ花崗岩に関連する熱水作用に伴って生成するレアアース鉱床です。花崗岩中に鉱染（斑点）状あるいは鉱脈状にレアアース鉱物が濃集して産出します。

要点BOX
● 20世紀初頭の主要レアアース資源としてオーストラリア、インドそれにアメリカで採掘されてきた風化堆積型鉱床などがある

中国南嶺山脈のペグマタイト鉱床の模式的断面図（Kaneda, 1999引用）

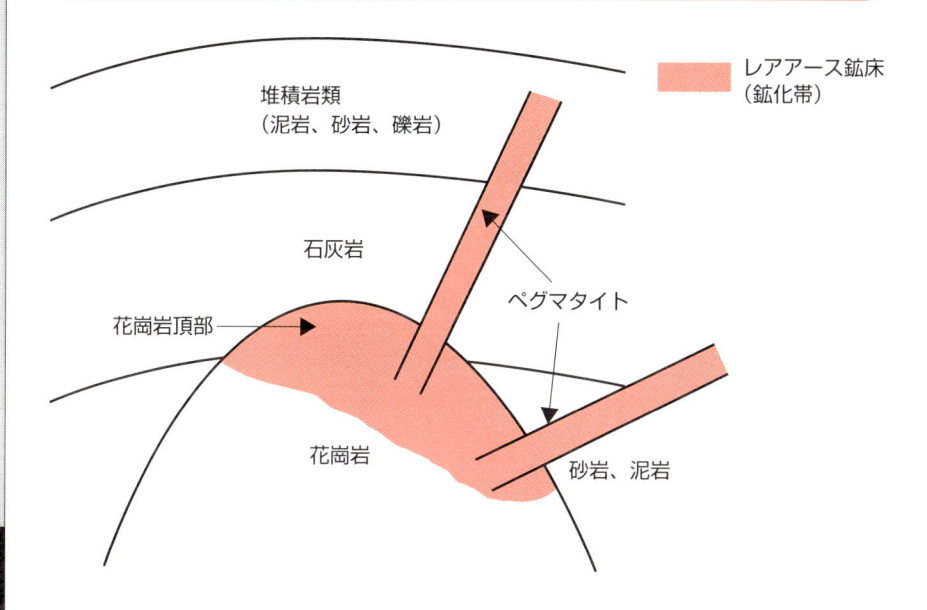

- 堆積岩類（泥岩、砂岩、礫岩）
- 石灰岩
- 花崗岩頂部
- 花崗岩
- ペグマタイト
- 砂岩、泥岩
- レアアース鉱床（鉱化帯）

レアアース鉱床の生成タイプの種類

鉱床の型		母岩や鉱床形態など
マグマ型	マグマ性鉱床	アルカリ火成岩中に胚胎
	カーボナタイト鉱床	炭酸塩岩類中に鉱染
	ペグマタイト鉱床	花崗岩由来のペグマタイト脈に鉱染
熱水型	熱水鉱床	アルカリ岩起源の熱水変質作用
堆積型	風化・残留鉱床	花崗岩、ペグマタイト、カーボナタイトの風化作用
	漂砂鉱床	アルカリ岩、変成岩の風化・漂砂鉱床

備考1.
アルカリ岩(Na・K)〜カルクアルカリ(Ca・Na・K)岩系マグマは、炭酸塩マグマと共生する傾向が強い。これらのマグマには、REEやNb,Ta,Ti,Fe,Pの溶解度が高い。なお、ダイヤモンド鉱床とカーボナタイト鉱床は、近縁関係にあると推察されている。

備考2.
REEやU、Li,Beなどは、マグマ結晶分化作用の過程で単独鉱物を形成したり、鉱物中に微量元素として固溶することなく、マグマ残液の中に濃集する。最終的には、花崗岩頂部やマグマ残液が固結化して生成するペグマタイト脈中において主要鉱物に吸着したり固溶したりして産する。

備考3.
堆積型鉱床は、アルカリ岩やカーボナタイト、それに花崗岩、ペグマタイトが風化作用をうけ生成された鉱床である。

第2章　レアアース資源をどのように探すのか？

19 どのように資源を開発するの？

レアアースの資源開発法

レアアース資源開発は、①レアアース鉱床の設定に始まり、②採掘計画策定、③鉱山開発、④鉱石採掘、⑤選鉱・製錬、⑥廃棄物処理・環境対策、⑦生産物評価、⑧搬出、などの手順で一般的には進められますが、出発点の①が最も重要です。

鉱床は「地殻中の有用鉱物・岩石の集合体で、利潤をもって採掘できるもの、さらに経済状態および採掘・精製技術の変化に伴って将来は採掘できる可能性のあるもの、あるいは有用物質の存在が推定の範囲で期待できるものも含む」と定義づけられます。

「鉱床を設定」のためには、最初にその場を特定しなければなりません。これを探査といいます。昔は、鉱床あるいはその兆候が地表に現れている露頭が多く、それを糸口に深部に向かって探査を進めていけばよく、比較的容易に鉱床が把握できました。近年は、地下深部に隠れている鉱床(潜頭鉱床という)が開発対象で、従来の目視での探査は有効でなく、リモートセンシングに続く地質調査と平行して各種物理探査、地化学探査、試錐(探査ボーリング)、それに各種データ数理モデル解析などにより探査が進められます。

採掘計画策定には、鉱床の鉱石品位と鉱石量が重要な指標になります。探査で求めた品位・鉱石連続性の結果より、鉱床の埋蔵量あるいは鉱量を求めます。その鉱量は、探査手法などにより品位・鉱量の信頼度が重要になり、それにより確定鉱量(確認鉱量ともいう)、推定鉱量、予想鉱量と3区分されます。確定鉱量は、各種探査資料が十分にそろい、鉱量の平均品位・鉱石量が確実なもので、推定鉱量は鉱量確実性が70％、予想鉱量は確実性30％程度の信頼度と評価されています。実際に採掘される可採鉱量は、基本的には確定鉱量を含み、それ以外に推定鉱量および予想鉱量をどの程度含めるかはあくまでも開発技術に裏づけされた経済的価値によって決められます。

要点BOX
● レアアース資源の場合、鉱石品位100ppm程度でも鉱床型によっては採掘対象になる

鉱床および鉱量(埋蔵量の)の定義

探査密度	鉱床の形状	鉱量(埋蔵量)区分	区分内容
高 ↕ 低	明瞭 ↕ 不明瞭	確定(確認)鉱量	ボーリング密度も増し、鉱床の形状や品位分布が明瞭になり鉱量が確定
		推定鉱量	ボーリング数の増加により鉱床の形状・品位分布が明らかになってきたが、ボーリング間隔が空いているところは推定で、全体として推定鉱量
		予想鉱量	ボーリングで鉱石は確認されたが、鉱床の形状は明瞭でなく予想されているに過ぎない。鉱量は予想鉱量と定義されている。

鉱床地質断面図に探査密度—鉱床を確認するためのボーリング間隔—を示す

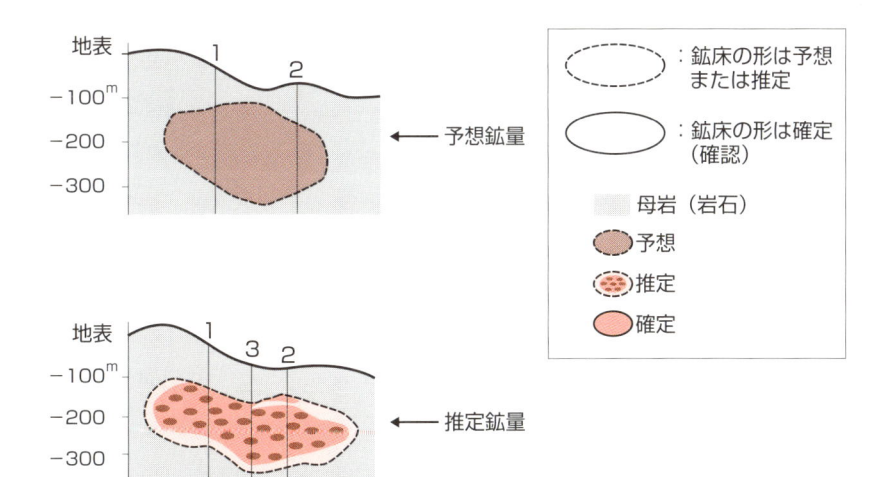

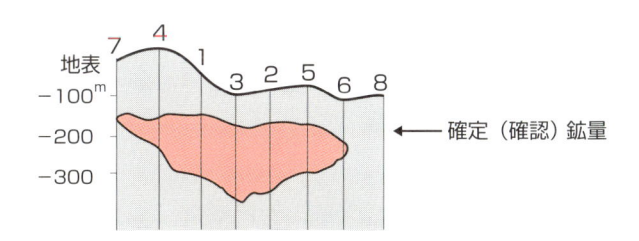

○(破線):鉱床の形は予想または推定
○(実線):鉱床の形は確定(確認)
母岩(岩石)
予想
推定
確定

1〜8:ボーリング孔の番号

第2章 レアアース資源をどのように探すのか?

20 たくさん資源があるのに鉱山は少ない

レアアース資源の価値は何なの？

レアアースの地殻存在度は決して少なくはありません。一般的に、金属元素資源の埋蔵量(確認埋蔵量)は地殻存在度と正相関します(左図)。また、14項目の表を見ても分かるように、殆どの資源素材の耐用年数(可採年数と同義)は50年以下なのに、レアアースは埋蔵量(確認)1億トン、世界年間生産量約13万トンで耐用年数は約750年になります。

レアアース資源埋蔵量は豊富であるにもかかわらず、現在中国の輸出規制により、海外資源に100％依存しているわが国はもちろんのこと世界各国がレアアース資源の供給不足で右往左往しています。資源量が豊富ならば、供給不足に至ることはあり得ないはずですから、レアアースは資源素材一般論には当てはまらないことになります。2000年以降は、世界各国がレアアース供給のほとんどを中国に依存してきました。2009年以降は、インド、マレーシア、ブラジルがわずかながら生産していますが、中国が世界生産の97％余占めます。資源埋蔵量に対して需要度は小さく、生産コストが安いところに安易に依存しすぎたことが、限られた生産国や限られた鉱山数に至ったと言えるでしょう。

左表は、現在稼働中および探査中のレアアース鉱山名・鉱床地です。無数にある他の資源種の鉱山・鉱床地に比べ圧倒的に少ないと言えます。そもそも、中国では1990年代から、外貨獲得源としてレアアース資源開発を国家戦略として進めてきました。これによりレアアース市場は供給過剰となり価格低下になり、コスト面で採算が合わなくなった他国がレアアース資源開発を次々と終結するに至りました。2010年の時点では、生産国は中国、インド、ブラジル、マレーシア、ロシア、カザフスタンなどの国だけです。ところが、今日はコストの中に環境対策費を含めざるを得ません。中国といえどもこの流れには逆らえず、その生産コストも上昇しつつあります。

要点BOX
●レアアースは埋蔵量はあるが、経済的に採算が合うか合わないかが問題

確定埋蔵量と地殻元素存在度（クラーク数）の関係（REE: レアアース）

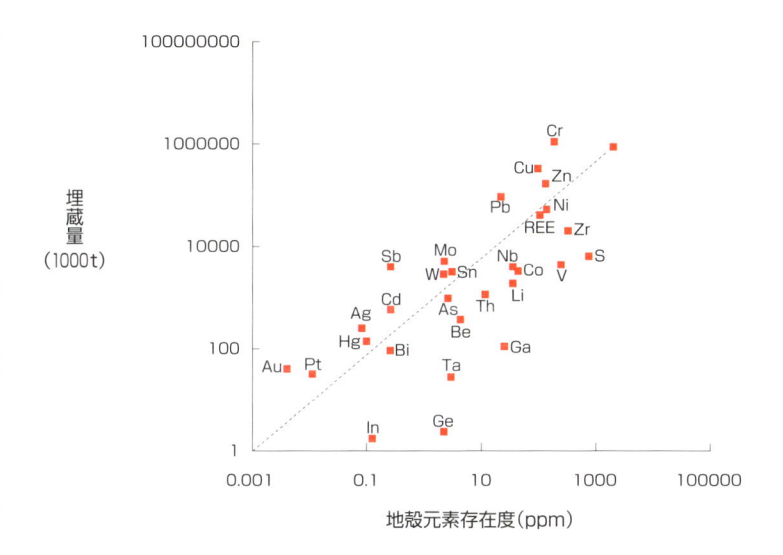

縦軸: 埋蔵量（1000t）
横軸: 地殻元素存在度（ppm）

プロット元素: Cr, Cu, Zn, Pb, Ni, REE, Zr, Sb, Mo, S, W, Sn, Nb, Co, V, Ag, Cd, As, Th, Li, Hg, Bi, Be, Ga, Au, Pt, Ta, In, Ge

世界主要レアアース鉱床の規模および鉱床型、開発状況

国名	鉱床名	鉱床の型	鉱種	鉱量/万トン	品位/%REO	開発状況
中国	白雲鄂博(バイユンオボ)	カーボナタイト	REE,Fe-Ni	5,740	6.0(他、Fe=35%,15億t,Nb=0.13%)	稼行中
中国	牦牛坪(マォニューピン)	ペグマタイト	REE,	150	3.0	稼行中
中国	竜南・尋烏(ロンナン・シュンウー)	イオン吸着型鉱床	REE	4,100	0.05-0.2(重レアアース:800万トン)	稼行中
米国	Mountain Pass(マウンテンパス)	カーボナタイト	REE	2,900	8.9	休山中(2012年再開発)
米国	Idaho Lemhi Pass(アイダホレミパス)	熱水性	REE,Th	5,800	0.33(ThO2=0.39%)	探鉱中
オーストラリア	Mt.Weld(マウントウェルド)	カーボナタイト(ラテライト化)	REE,Ta	770	11.9	開発中(2012年)
オーストラリア	Nolan's Bore(ノーランズボア)	熱水(鉱脈:アパタイト)型鉱床	REE,P,U	860	3.1(P2O5=14%,U3O8=0.21%)	探鉱中
オーストラリア	Eneabba(エナバ)	漂砂鉱床	Ti,Zr,REE	2,500	0.001	稼行中
オーストラリア	Dubbo(ドウボ)	マグマ性-風化	REE	70	0.86	探鉱中
ブラジル	Araxia(アラシャ)	カーボナタイト	REE,P	80	13.5	探鉱中
ブラジル	Kataron(カタロン)	カーボナタイト	REE,P,U	200	12.0	探鉱中
カナダ	Strange Lake(ストレンジレイク)	花崗岩、ペグマタイト、熱水(鉱泉)型鉱床	REE,Zr	3,000	1.3(Zr=3.75%)	開発段階
カナダ	Thor Lake(トールレイク)	アルカリ花崗岩、熱水性、	REE,Th	1,500	0.71-1.23	開発段階
ベトナム	Dong Dao(ドンゴダオ)	カーボナタイト	REE	4,700	10.63	探鉱中
ケニア	Mrima Hill(ムリマヒル)	カーボナタイト	REE	30	5.0	探鉱中
ロシア	Lovozero(ロボゼロ)	アルカリ岩ーマグマ性鉱床	REE	未公開	0.01	稼行中
キルギスタン	Akyus(アクユス)	不明	REE	未公開	0.25	稼行中

出典: Castor and Hedrick,2006, 石原・村上（2006）地質ニュース 624 号、西川（2011）より引用

第2章 レアアース資源をどのように探すのか？

21 開発技術も資源の種類で相違する

鉱床型によってかわる

探査から始まり、回収・採掘、精製などの開発技術は、鉱床型によって異なります。鉱床分布や形態、レアアース元素の存在状態などが異なるからです。開発技術として最も安全で効率の良い手法を選択し、利潤を追求します。

鉱石採掘として、露天掘り、坑内採掘、ソリューション採掘（インプレースリーチング）があります。

鉱床が地表に露出し比較的地下浅所にある場合には露天掘りが適用されます。コストや安全性の面から極めて有利です。堆積型鉱床の、イオン吸着、風化残留、それに漂砂のタイプの鉱床に最も効率良く適応される技術です。なぜならば、これらの鉱床は地表に広く分布するからです。特に漂砂鉱床に対しては大型のショベル掘削機と水を併用した採掘が行われます。マレーシア、インドネシアやミャンマーの砂錫鉱床や重砂（モナザイト、チタン鉄鉱、ジルコンなどより構成）鉱床ではドレッジングという手法が採用されています。これは、海岸域で地下水位の高いところに設置した池や、豊富な水環境にある河川域にドレッジャ（浚渫船）を浮かべ、採掘した砂鉱石をこの中で水を利用して有用鉱物を選鉱する方法です。

マグマ成鉱床や熱水成鉱床は地下深部に分布します。これらの鉱床には殆どの場合、坑内採掘法が適用されます。この手法は、地表から地下深部に向け立坑、斜坑、横坑、それに探鉱坑道などが掘削されて鉱床採掘と回収が行われます。より安全管理が要求され、採掘コストも高くなります。

採掘技術のもう一つは、ソリューション採掘（または、インプレースリーチング）です。23項目参照）。この技術は中国南部のイオン吸着型鉱床や採掘済みの低品位ラテライト型鉱床の低品位鉱石や採掘済みの低品位鉱床などに適用されます。硫酸やアンモニアなどの溶媒を循環させ、レアアースを回収します。ただし、溶媒の処理などの環境問題が発生する危険性は否めません。

要点BOX
- 鉱石採掘として、露天掘り、坑内採掘、ソリューション採掘（インプレースリーチング）がある

鉱床のでき方

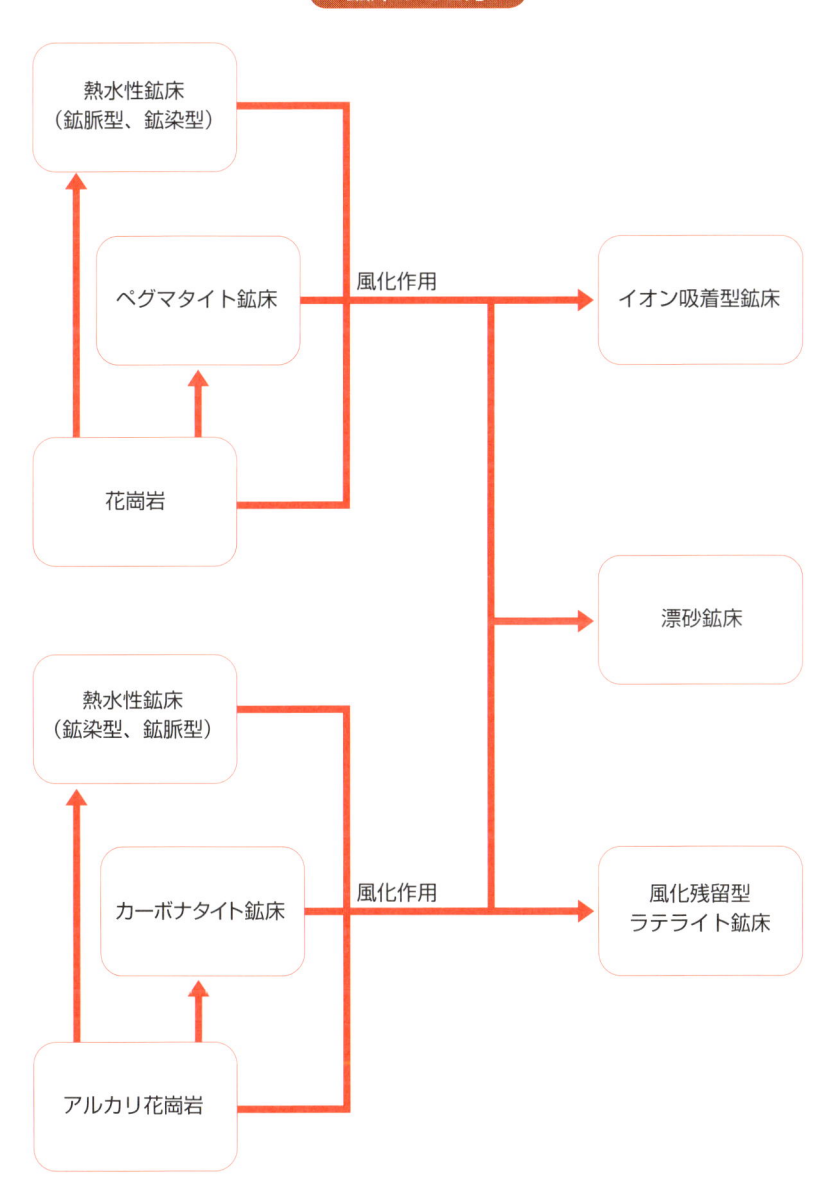

```
熱水性鉱床
(鉱脈型、鉱染型)
   ↑
   │
ペグマタイト鉱床 ──風化作用──→ イオン吸着型鉱床
   ↑
   │
花崗岩

                              漂砂鉱床

熱水性鉱床
(鉱染型、鉱脈型)
   ↑
   │
カーボナタイト鉱床 ──風化作用──→ 風化残留型
   ↑                              ラテライト鉱床
   │
アルカリ花崗岩
```

レアアース鉱床の生成メカニズムの関連性：レアアースは、花崗岩またはアルカリ花崗岩のマグマ作用によりそれぞれの岩石中に濃集します。さらに、マグマ活動に伴う熱水作用により、熱水性鉱床中にレアアースは濃集します。花崗岩、アルカリ花崗岩、および熱水性鉱床に濃集したレアアースは、風化作用をうけることによりイオン吸着型、ラテライト型鉱床、さらに運搬されることにより漂砂堆積型鉱床が形成されます。

22 レアアース資源とトリウム問題

中国はどのようにしてきたのだろう?

レアアース鉱床は、かなりの頻度で放射性物質を随伴します。特に、放射性を持つトリウムは選択的にモナザイトに濃集します（左表上）。

中国は、レアアース資源開発に国を挙げてまい進、1992年以降は世界第一位の生産国になりました。主要鉱産地（左表下参照）は、カーボナタイト鉱床の内モンゴルのバイユンオボ鉱床と四川省マオニューピン鉱床、それに中国南部の江西省南部の竜南（Longnan：ロンナン）や尋烏（Xuwu：シュンウー）鉱床、湖南省、広東省、江西省などに広く分布するイオン吸着型鉱床です。また、広東省の漂砂型鉱床に産するレアアース主要鉱物の1つがモナザイトですが、他の型の鉱床にもモナザイトが産します。

マレーシアで2011年に豪州ライナス・レアアース精錬工場建設反対運動が世間を賑しました。豪州マウントウェルド鉱山の鉱石を工場建設地のマレーシア・クアンタンに運搬・精錬し、年間2万500 0トン程度レアアースを生産するプロジェクトです。放射性物質などの廃棄物処理のリスクが大きく、反対運動が起きました。しかし、マレーシア政府はIAEAの検証結果や10年分しか余裕のない廃棄物処理施設を工場運営期間の20年分に拡充するという企業努力の確認をえて、2012年2月にライナス社による工場建設を承認しました。いずれにしろ、レアアース資源開発に当たっては、放射性物質はもとより廃液などの環境対策に腐心しなければなりません。

中国はレアアース開発・生産コストが極端に低いということで世界のレアアース産業を席巻してきましたが、従来の環境対策は疑問視されます。そこで2011年4月、中国政府は、レアアース企業に対して放射性物質を含めた汚染物質排出調査・法規制・環境調査を強行しました。

要点BOX
● 中国では大小300以上はあるとされているレアアース企業に対して放射性元素を含めた汚染物質排出調査・法規制・環境調査を強行した

レアアース主要3鉱物の代表的試料の化学組成

主要レアアース鉱物	化学組成(重量%)						
	TREO	ThO2	U_3O_8	P_2O_5	CO_2	F	BaO
バストネサイト、米国Mountain Pass	68-72	<0.1		<0.5	20	4.7	1.2
バストネサイト、米国Mountain Pas	73.51	0.15		0.94	18.51	5.47	
バストネサイト、米国Mountain Pas	57.51	0.11		0.64	21.9	5.09	
バストネサイト、ザイール	69.81	0.01		8.28	13.91	7.18	
バストネサイト、ザイール	64.76	0.04		9.88	11.53	6.73	
モナザイト、豪州Mt.Weld	62.8	6.6	0.3	26.3			
モナザイト、豪州Mt.Weld	61.33	6.55		26.28			
モナザイト、インド	59.63	9.58		26.23			
モナザイト、マレーシア	59.65	5.9		25.7			
モナザイト、タイ	57.62	7.88		26.34			
モナザイト、韓国	60.2	5.76		26.52			
モナザイト、北朝鮮	42.66	4.57		18.44			
ゼノタイム、マレーシア	54.1	0.8	0.3	26.2			

TREO：トータルREO（酸化レアアース）重量%、出典：新金属協会編（1973）：レアアース（改訂版）

世界主要レアアース鉱床の規模および鉱床型、開発状況

鉱床名	鉱床タイプ	産出鉱物
白云鄂博(バイユンオボ)	カーボナタイト鉱床	磁鉄鉱、赤鉄鉱、バストネサイト、モナザイト、フェルグソナイト、コロンバイト、イルメノルテイル、エキシナイト、燐灰石、蛍石、石英
牦牛坪(マオニューピン)	カーボナタイト鉱床	バストネサイト、ゼノタイム、モナザイト、chevkinite,britholite、アラナイト、方鉛鉱、貴銀鉱、蛍石、重晶石、方解石、長石、黄鉄鉱、燐灰石
竜南(ロンナン)、尋烏(シュンウー)	イオン吸着型鉱床	カオリナイト、ハロイサイト、モナザイト、バストネサイト
広東省鉱産地：五和(ウヘ)	漂砂鉱床	モナザイト、ゼノタイム、ルチル、チタン鉄鉱、ジルコン

Column

今、資源開発ラッシュ、期待されるレアアースの生産量

20世紀末までは世界第一の生産国であった米国は、カリフォルニアのマウンテンパス鉱床の再開発に着手しました。当鉱床は埋蔵量2900万トン、平均品位8.9%と見積もられています。2011年に再開発が始まり、2012年に酸化レアアース（REO）で2万トン、2014年以降は4万トンの生産が計画されています。再開発鉱床として、オーストラリアのマウントウェルド・カーボナタイト鉱床も著名です。埋蔵量700万トン、平均品位11.9%と見積もられています。（この鉱石はマレーシア・クアンタンに建設されるライナス精錬工場で、年2.2万トン生産される予定になっています）。

スウェーデンのキルナバーラ（Kiirunavaara）は鉄燐灰石鉱床はマグマ型鉱床で、燐灰石にレアアースが0.7%含まれており、酸化レアアース量で70万トンと見積もられています。他に、ロシア・コラ半島のロポゼロ層状火成岩体中のチタンレアアースニオブ・タンタル・アルカリ花崗岩、米国ニューメキシコ州 Dajarito Mountainのレアアース-ジルコン-アルカリ花崗岩体、グリーンランド南部のIlimaussagレアアース-ジルコン-アルカリ花崗岩体、カナダ東部イッテルビー地域のストレンジレイク鉱床および周辺域およびウェルズフォード地域、イランのChadormalu鉄-燐灰石鉱床、オーストラリアDubbo鉱床、ラオスBoneng錫-レアアース花崗岩体などに新たに発見された鉱床も多数あります。

カーボナタイト鉱床はレアアース産出の有望な鉱床タイプです。再開発のマウンテンパス鉱床、マウントウェルド鉱床の他に、ブラジル・ミナスジェイナスのアラシャ鉱床、カタロン鉱床、南アフリカのパラボラ鉱床などの再開発、それにマラウイのKangankunde 丘モナザイトカーボナタイト岩脈、タンザニアのウイグウ（Wigu）丘モナザイト―カーボナタイト岩脈、ケニアのムリマ（Mrima）丘カーボナタイト岩脈、トルコのキジルガオレン（Kizilcaoren）バストネサイトカーボナタイト鉱床など新たな鉱床が探査活動で確認されています。

アルカリ岩、花崗岩、ペグマタイトなどを後背地とする漂砂鉱床も再開発や新鉱床探査対象です。豪州東海岸 Eneabbaチタン鉄鉱―モナザイト鉱体、インド南西海岸ケララ地域、南アフリカチャードベイ地域、アメリカ・フロリダ Green Cave Springsチタン―ジルコニウム―モナザイト鉱床などこのタイプの新鉱床が多数開発されつつあります。

# 第3章
レアアースはどのように鉱石から取り出すの？

23 レアアース鉱物をどうやって集めるのか？

レアアースを集める2つの方法

レアアース(希土類元素)は、レアアースが濃縮して存在する鉱床の探査、鉱床の発掘や運搬による採掘、採掘した鉱石を破砕しレアアース鉱物に濃縮する選鉱を行ってレアアース鉱物を集めます。レアアースを多く含む鉱物を分離濃縮することを選鉱といいます。一方、レアアースが鉱物として存在せず、濃縮した土壌として集める場合、これをそのまま採掘して浸出、沈殿させて集める場合もあります。

第一のタイプはマグマに含まれていたレアアースが数億年かけて地表に出現したタイプで現在重要な資源は、レアアースが火成起源の炭酸塩岩に多く存在するカーボナタイト鉱床です。このタイプは、鉱石を採掘し集めてレアアースを多く含む鉱物を分離濃縮、即ち、選鉱することができます。また、インドなど、海浜砂中の漂砂鉱床の場合、風化に強い比重の高い鉱物があるため、海砂を比重選鉱により分離濃縮しています。しかし、このタイプの鉱床には放射性のウランやトリウムが含まれる場合が多くあり、これら放射性鉱物の少ない鉱床部分を開発するか、あるいは、開発採取後、放射性元素をどう利用処理するか、環境問題として重要になっています。集めた鉱石は酸あるいはアルカリで浸出され、酸化物として回収されます。

第2のタイプはレアアースを比較的多く含む花崗岩が数百万年かけて風化して粘土層に吸着濃縮したタイプで鉱物として集めることが困難な鉱床です。中重レアアースに富み、放射性鉱物量が低く、中国南部に主に存在しています。このタイプは粘土層にレアアースイオンが吸着濃縮しているので鉱物として集めてレアアースイオンを溶かし出す浸出方法を加えてレアアースイオンを溶かし出す浸出方法が用いられます。浸出された液は沈殿法で回収されます(左図下)。

要点BOX
●レアアースを多く含む鉱物を分離濃縮することを選鉱といいます。

レアアースの鉱物処理

1. ●レアアース鉱物が入っている鉱床→採掘→選鉱→製錬

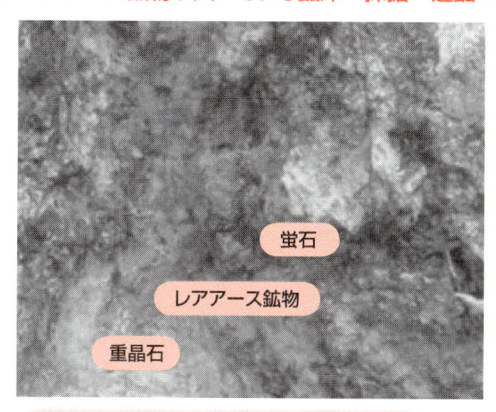

蛍石
レアアース鉱物
重晶石

ベトナム、ドンパオのレアアース鉱物露頭
(撮影者：三井金属資源開発株式会社、藤井昇氏)

●砂鉱床(海浜砂)→採掘→選鉱→製錬

2. ●イオン吸着型鉱床→採掘→製錬

中国で開発中のイオン吸着型の
レアアース鉱山とレアアース浸出用の池
(撮影者：秋田大学教授、柴山敦教授)

用語解説

比重選鉱：密度の異なる鉱物粒子混合物に水力や風力などを作用させると、比重差により軽い鉱物と重い鉱物が異なる動きをして分離される方法。

第3章　レアアースはどのように鉱石から取り出すの?

24 鉱物を選鉱するってどんなこと?

分離濃縮して品位を高める

選鉱とは目的とする有用鉱物を必要としない鉱石から分離濃縮して品位(純度)を高めること、製錬するときの有害物を除くこと、混合している有用鉱物をそれぞれ分離すること、鉱石の粒をある大きさに分けることなどを意味し、安価に処理できることが重要です。選鉱することにより運搬費が節約でき、製錬費および製錬による金属損失の削減、分離により鉱石中の各種鉱物の完全利用ができるようになります。

選鉱するためには粒子を細かく砕き、同じ鉱物だけからなる粒子を作ること、すなわち単体分離を行います。この単体分離した鉱物をその他の鉱物から分離するときに、その鉱物の性質により様々な分離方法が用いられます。

例えば、金属の鉱物の密度が金属を含まない鉱物にくらべて重い場合、比重選鉱が用いられます。水流を用いて金を椀(わん)がけするような方法から、水の流れを利用する樋(とい)、スパイラル型、遠心分離型などがあります。さらに水流や水中の粒子に振動を与えて、密度差で鉱物を分離する振動テーブル、ジグという装置があります。一方、数ミリメートル以上の荒い粒子を比重差で分離するときは、磁鉄鉱のような微粒子重鉱物を水中にけん濁させて見かけの密度を上げて浮沈分離する方法もあります。比重選鉱は水を用いる安価な方法です。さらに、みかけ比重を磁場の大きさをコントロールして比重が5でも10でも液体中に作ることができ、軽い鉱物を浮かせて、もう一方の鉱物を沈降させて分離する磁性流体による選別法はレアアース含有海砂の鉱物分離試験方法として使用できます。

混合している鉱物粒子のうち、一方の鉱物粒子の磁性が強い場合には、磁石に磁着させて分離する磁力選鉱(磁選)という方法が使用されます。静電選鉱、非常に精度の良い浮遊選鉱(浮選)など、レアアース含有鉱物の濃縮にはいろいろな選鉱方法があります。

要点BOX
- 選鉱とは目的とする有用鉱物を、必要ないものから分離濃縮して純度を高め、製錬するときの有害物を除き、混合している有用鉱物をそれぞれ分離すること

レアアースの選鉱方法

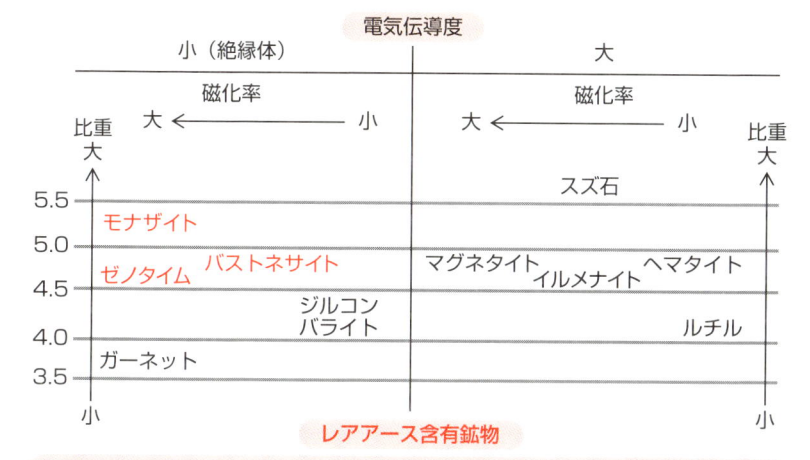

電気伝導度

小（絶縁体） / 大

磁化率：大 ← → 小

比重大 ↑
- 5.5 — スズ石
- 5.0 — モナザイト
- 4.5 — ゼノタイム／バストネサイト／マグネタイト／イルメナイト／ヘマタイト
- 4.0 — ジルコン／バライト／ルチル
- 3.5 — ガーネット

↓ 比重小

レアアース含有鉱物

レアアースを含む海砂中のレアアース鉱物を比重選鉱→磁力選鉱→静電選鉱で濃縮分離するためのいくつかの鉱物の物理的特性

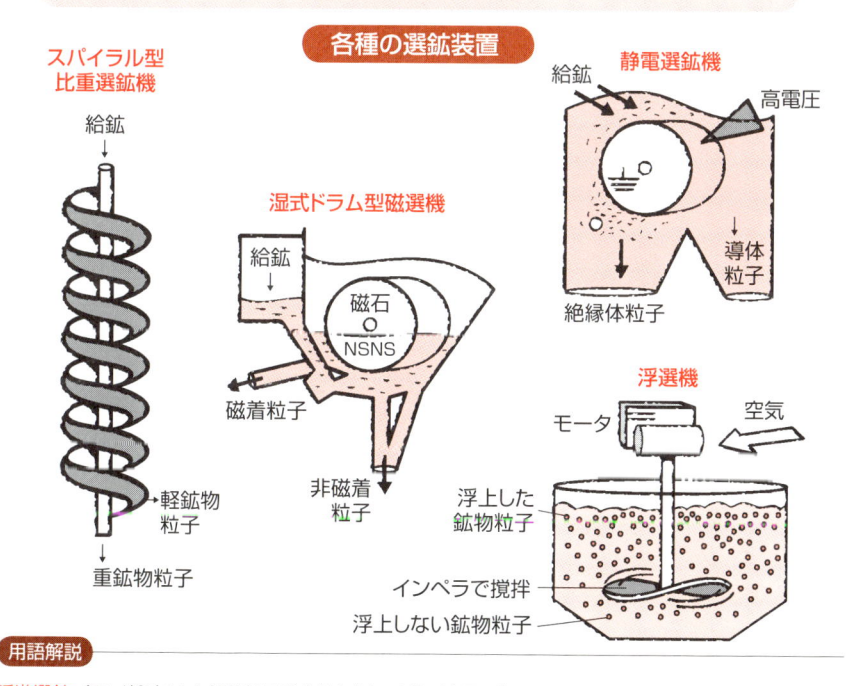

各種の選鉱装置

スパイラル型比重選鉱機
給鉱 → 軽鉱物粒子 / 重鉱物粒子

湿式ドラム型磁選機
給鉱 → 磁石（NSNS） → 磁着粒子 / 非磁着粒子

静電選鉱機
給鉱 → 高電圧 → 導体粒子 / 絶縁体粒子

浮選機
モータ・空気・インペラで撹拌 → 浮上した鉱物粒子 / 浮上しない鉱物粒子

用語解説

浮遊選鉱：細かく粉砕された鉱物粒子混合物を水とかき混ぜ多量の気泡を入れると、水にぬれにくい（疎水性）鉱物は上昇気泡に付着して水面に集まり、水にぬれやすい鉱物は水中に留まり分離される方法。通常、界面活性剤を入れ一種類の粒子に付着させて疎水化させる。

静電選鉱：静電場内で帯電した粒子が導体ならば跳躍して移動し、絶縁体ならば電極に吸引して分離する方法。

第3章 レアアースはどのように鉱石から取り出すの？

25 レアメタル鉱物も一緒に選鉱

選別し濃縮する

レアメタルはチタン、クロムのように主鉱物として鉱山から採鉱、選鉱される場合と、ベースメタルの副産物として選鉱されるものに分けられます。副産物の例としてはモリブデンが銅鉱物選鉱の副産物として浮遊選鉱で回収され、ビスマスは鉛製錬、インジウムは亜鉛製錬の副産物として製錬工程で回収されます。

ところで、レアアースを含む鉱物は100種類以上もありますが、レアアース鉱物の選鉱で重要な鉱物はモナザイト、バストネサイト、ゼノタイム（27参照）およびイオン吸着鉱です。

モナザイトはランタンやセリウムなどのレアアースとトリウム（放射性物質）を含む燐酸塩で、最初に密度の大きなモナザイトを比重選鉱し、ついで磁力選鉱や静電選鉱でチタン鉄鉱、ジルコンなどのレアメタル鉱物および磁鉄鉱を一緒に選鉱して分離し、濃縮したモナザイトを得ます（モザナイト精鉱）。一方、バストネサイトもトリウムを含みます。

—炭酸塩鉱物で石英、方解石のほかレアメタルのバリウムを含む重晶石が混合し、比重選鉱、磁力選鉱、浮遊選鉱を組み合わせて選別し濃縮します。

また、ロシアのコラ半島にはロパライト（Ce,Na,Sr,Ca）(Ti,Nb,Ta,Fe^{3+})$_2$O$_6$があり、30～36％のレアアースの他に、39％のTiO$_2$、8～11％のNb－Ta酸化物を含み、不純物としてトリウムやクロムを含んでいます。ロパライトを硫酸アンモニウムと共に200℃で加熱処理して硫酸で分解してチタン（Ti）、ニオブ（Nb）、タンタル（Ta）溶液を得た後、溶媒抽出でこれらを回収しています。

他に、酸化ベリリウムを10％程度含むガドリン石があります。ベトナムのドンパオの鉱石には、微量で回収はできませんが不純物としてバナジウム、クロム、マンガンも含まれています。現在、一緒に選鉱できる主なレアメタルはタンタル、ニオブ、ジルコンで他にチタン、バリウムです。今後、世界の多くのレアアース鉱山が開発されれば選鉱は重要となってきます。

要点BOX
● レアメタルはチタン、クロムのように主鉱物として鉱山から採鉱、選鉱される場合と、ベースメタルの副産物として選鉱されるものに分けられる

元素周期律表としてレアアースと一緒に産出するレアメタル

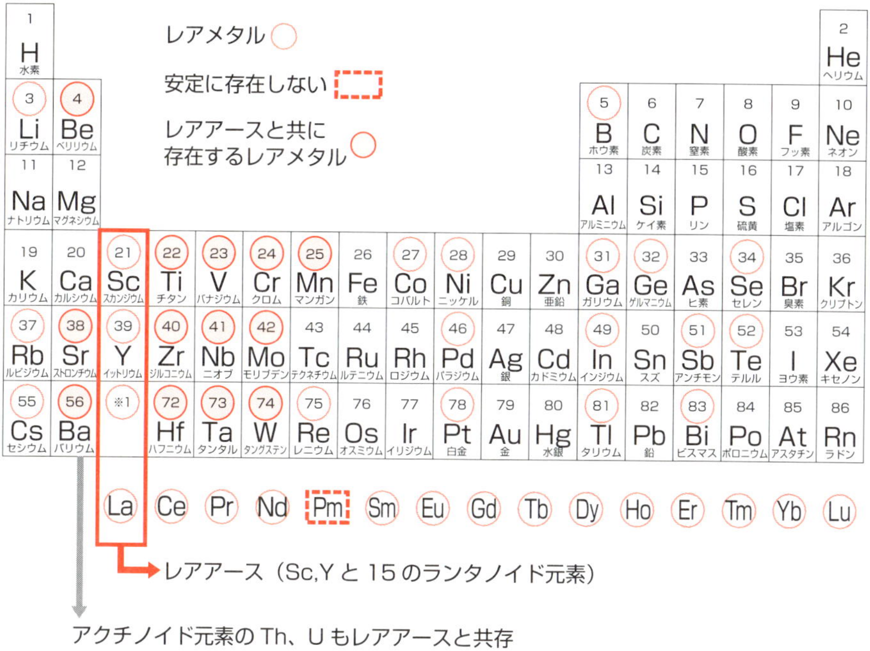

レアメタル
安定に存在しない
レアアースと共に存在するレアメタル
1 H 水素
2 He ヘリウム
3 Li リチウム
4 Be ベリリウム
5 B ホウ素
6 C 炭素
7 N 窒素
8 O 酸素
9 F フッ素
10 Ne ネオン
11 Na ナトリウム
12 Mg マグネシウム
13 Al アルミニウム
14 Si ケイ素
15 P リン
16 S 硫黄
17 Cl 塩素
18 Ar アルゴン
19 K カリウム
20 Ca カルシウム
21 Sc スカンジウム
22 Ti チタン
23 V バナジウム
24 Cr クロム
25 Mn マンガン
26 Fe 鉄
27 Co コバルト
28 Ni ニッケル
29 Cu 銅
30 Zn 亜鉛
31 Ga ガリウム
32 Ge ゲルマニウム
33 As ヒ素
34 Se セレン
35 Br 臭素
36 Kr クリプトン
37 Rb ルビジウム
38 Sr ストロンチウム
39 Y イットリウム
40 Zr ジルコニウム
41 Nb ニオブ
42 Mo モリブデン
43 Tc テクネチウム
44 Ru ルテニウム
45 Rh ロジウム
46 Pd パラジウム
47 Ag 銀
48 Cd カドミウム
49 In インジウム
50 Sn スズ
51 Sb アンチモン
52 Te テルル
53 I ヨウ素
54 Xe キセノン
55 Cs セシウム
56 Ba バリウム
※1
72 Hf ハフニウム
73 Ta タンタル
74 W タングステン
75 Re レニウム
76 Os オスミウム
77 Ir イリジウム
78 Pt 白金
79 Au 金
80 Hg 水銀
81 Tl タリウム
82 Pb 鉛
83 Bi ビスマス
84 Po ポロニウム
85 At アスタチン
86 Rn ラドン
La Ce Pr Nd Pm Sm Eu Gd Tb Dy Ho Er Tm Yb Lu
レアアース（Sc,Y と 15 のランタノイド元素）
アクチノイド元素の Th、U もレアアースと共存

周期律表でのレアメタル 30 元素とレアアース 1 種およびレアアース鉱物と共に存在するレアメタルの元素

用語解説

溶媒抽出：溶解している一つの溶質が、水と油など二つの液相間で一方の相に多く集まるという分配現象を利用して分離する方法。

26 放射線はどのように防ぐの?

トリウム貯蔵所には分厚い壁が

モナザイトなどのレアアース鉱物には、放射性物質のトリウムが含まれています。10％以上のトリウムを含むことがあります。レアアース鉱物からなるレアアース鉱石を採掘して、レアアースを取り出す現場では、自然放射線の量が通常よりも大きくなります。そこにいるだけで年間数ミリから10ミリシーベルト程度の線量を被曝することもあります。とくに固い鉱石の場合は、採掘時、鉱石を発破して砕きますが、呼吸器による吸入により内部から被曝することを防止するため特別なマスクを装着したりして、防護します。また作業時間の制限、不用時の立入禁止などにより、できるだけ放射線の影響する場所での作業を必要最低限とします。むろん放射線量の管理は必須です。現在では自然起源の放射性物質(＝NORM)から作業従事者を防護する考え方の世界的広まりにより、ウラン鉱山と同様な基準がレアアース鉱山に課せられます。このNORM管理で年間1ミリシーベルト以下にするように規制されています。

鉱山からレアアース成分を取り出した後の多量の廃棄物(廃さい)は、放射能汚染を防止し、放射線の防護ができる施設をつくり、外部と遮断して厳重に管理されます。流出しない、しみ込まないようにして、放射線からも遠ざけます。あるいはトリウムを取り出して貯蔵します。

トリウムは自然崩壊系列にタリウム208という非常にエネルギーの大きいガンマ線を出す元素を含みます。この放射線は透過力が大きいため、十分の1に遮断するにも鉛では7センチメートル、コンクリートでは40センチメートル程度必要となります。貯蔵物の量にも関係しますが、放射線を約千分の1程度に弱めようとすれば、鉛で20センチメートル、コンクリートで1・2メートル程度の遮蔽をして貯蔵しなければなりません。

要点BOX
- ●レアアース鉱山での放射線の防護、線量管理、鉱石からレアアースを取り出した残りの廃棄物は、汚染・線量を防護して厳重管理。トリウムを取り出して保管するには1.2メートルのコンクリートの壁

坑内掘の場合

発破孔の掘さく

- レアアース鉱床
- 岩盤
- 発破孔（火薬をつめる）
- 掘さく機
- ドリル
- 3m
- 動かないように固定

- ヘルメットとランプ
- 防護目がね
- 防じんマスク
- 線量計
- 防護服
- 保安靴

- ●リモートコントロールで掘さく機を操縦して発破孔をつくる
- ●作業者は直接鉱石に触れない

発破

- 岩盤
- レアアース鉱床

採鉱 → 選鉱（自動化）→ 混合レアアース → 製錬 → 各レアアース生産
　　　　　　　　　　　↓
　　　　　　　　　　廃さい

廃さい ← → トリウムを抽出

- ポリエステル製シート
- 水路
- 尾根水路
- 粘土層
- トリウムを少量含
- 粘土層
- 岩盤
- 約100m

トリウムの保管
- ドラム缶
- ---- ← 放射線
- 1.2m
- コンクリートの壁

用語解説

NORM (Naturally Occurring Radioactive Material)：自然起源の放射性物質。

第3章 レアアースはどのように鉱石から取り出すの？

27 副産物のレアアース鉱物も価格が上がれば選鉱する

経済的な価値が問題

経済的な価値があるレアアース鉱物中のレアアース含有量の例と放射性元素量を左表に示します。モナザイト、バストネサイト、ゼノタイムはレアアース酸化物含有量が50％以上とレアアースが多い代表的鉱物です。それ以下の鉱物は副産物のレアアース鉱物とみなされますが、レアアース鉱物も価格が上がれば経済的に選鉱が容易となります。

現在、レアアース鉱物と共に回収している主なレアメタルは、ロシアにあるロパライトがあげられます。ロパライトはタンタル、ニオブが主な回収元素であり、同時にレアアースとチタンを回収することができます。また、インドでは海浜砂中から、スズ石、ジルコン、イルメナイト、ルチルを回収していますが、レアアース鉱物も回収できます。レアアースの価格が上がれば、スズ石の副産物としてのレアアース鉱物を回収するために、比重選鉱、磁選、静電選鉱、浮選で経済的に回収できます。ただ、レアアース鉱物にはトリウムやウランを多く含むものがあり、作業環境で注意をしなければなりません。特に、モナザイト、ゼノタイム、ロパライトは放射性のトリウム酸化物を含みます。また、ウラン酸化物を含むレアアース鉱物も多いので選鉱には注意を要します。

また、金属チタンおよびレアアースの中で酸化イットリウム（Y）の原料価格高騰が始まってからの7年間の価格推移をみると、チタンは2007年に価格のピークがありますが、Yは2011年から価格が上昇し、他のレアアースも同様に上昇しました。例えばジスプロシウム、テルビウムは高価のまま推移し、Yのほかネオジム、サマリウム、プラセオジム、ランタン、セリウムは2010年になると急上昇し、例えば2011年5月の価格を2010年4月の価格で割れば、酸化セリウム（Ce_2O_3）は30、酸化ランタン（La_2O_3）は20、ネオジム金属（Nd metal）は8、ジスプロシウム金属（Dy metal）は5倍となっています。

要点BOX
- 価格が上昇すれば、経済的に採取可能な鉱物や鉱床が増えるので、経済的に選鉱が容易になる

経済的な価値があるレアアース鉱物中のレアアース含有量の例と放射性元素量

鉱物名	含有量
モナザイト	50-60% $(Ca,La\cdots)_2O_3$, 4-12% ThO_2
バストネサイト	36-40% Ce_2O_3, 36% $(La\cdots Pr)_2O_3$
ゼノタイム	52-62% Y_2O_3, Ce, Er不純物、〜5% U, Th 不純物
パラサイト	26-31% Ce_2O_3, 27-30% $(La,Nd)_2O_3$
イットロセライト	8-11% Ce, 14-37% Y
ガドリナイト	30-46% YO_3, 5% $(Ce,La\cdots)_2O_2$
オーサイト	6% Ce_2O_3, 7% $(La\cdots)O_3$
ロパライト	34% $(Ce,La\cdots)_2O_3$, Th 不純物
フェルグソナイト	31-42% Y_2O_3, 14% Er_2O_3, 1-4% ThO_2, 1-6% UO_2
サマルスカイト	6-14% Y_2O_3, 2-13% Er_2O_3 3% Ce_2O_3, 0.7-4% $(Pr,Nd)_2O_3$, U 不純物
プリオライト	21-28% $(Y,Er)_2O_3$, 3-4% Ce_2O_3, 0.6-7% ThO_2, 0-5% UO_2

スポンジチタンの価格推移

(単位 円/kg)

参考文献：財務省貿易統計

酸化イットリウムの価格推移

(単位 円/kg)

参考文献：財務省貿易統計

第3章　レアアースはどのように鉱石から取り出すの?

28 中国のイオン吸着鉱から簡単にレアアースが取り出せるの？

イオン吸着鉱

レアアースに富む花崗岩類が風化し、レアアースがカオリナイトやハロイサイトからなる粘土に吸着、濃縮されてできたイオン吸着鉱は中国の湖南省、江西省など華南地域に多く存在し、原子量が重い重レアアースの世界最大の産地となっています。ただ、レアアースの全含有量は約0.03％と低く、1トンのレアアース酸化物を生産すると1600～3000トンの鉱さいが生じ、そのまま放置しては環境問題になります。他に、ベトナム北部などでもイオン吸着鉱が存在します。中国の河西省南部の竜南地区は重希土類が多く濃縮しています。

レアアースの量は数百ppmと少量が粘土鉱物に吸着して存在しているので、電子顕微鏡で塊として観察することはできず、選鉱で濃縮させることができません。そこで、直接、レアアースを含む粘土鉱物の土壌に化学薬品を溶かした水溶液に浸して、吸着しているレアアースを浸出（脱着、溶離）させます。7％

程度の塩化ナトリウム水溶液でもある程度はレアアースを浸出でき、1970年代に中国で使用されました。塩化ナトリウムを使用すると土壌に塩分が残留し農作物に被害を与えました。現在は代表的な窒素肥料としても有名な硫酸アンモニウム$(NH_4)_2SO_4$の水溶液を使用して浸出します。

次いで、溶解したレアアースはシュウ酸あるいは炭酸水素アンモニウムで沈殿させます。初期はシュウ酸が使用されましたが、重レアアースとの溶解度は高く、多量に必要として土壌に混入した場合、毒性を示しました。現在は、炭酸水素アンモニウムで沈殿を作っていますが、これは土壌に混入しても肥料となりますが、レアアースが混入すれば害となる可能性もあります。沈殿物は洗浄後、濃縮脱水し、ケーキ状の濃縮物として回収します。これを焼いて（焙焼）、混合レアアース酸化物として取り出し、さらに各種レアアースに分離するには溶解して溶媒抽出が適用できます。

要点BOX
●レアアースがカオリナイトやハロイサイトからなる粘土に吸着、濃縮されてできたのがイオン吸着鉱

イオン吸着鉱の浸出結果の例

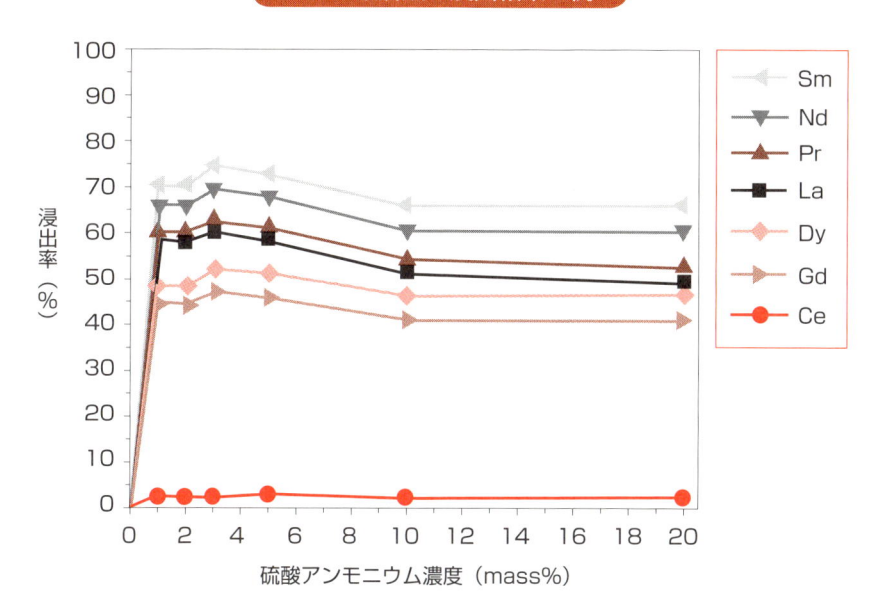

縦軸: 浸出率 (%)
横軸: 硫酸アンモニウム濃度 (mass%)

凡例: Sm, Nd, Pr, La, Dy, Gd, Ce

イオン吸着鉱の処理方法

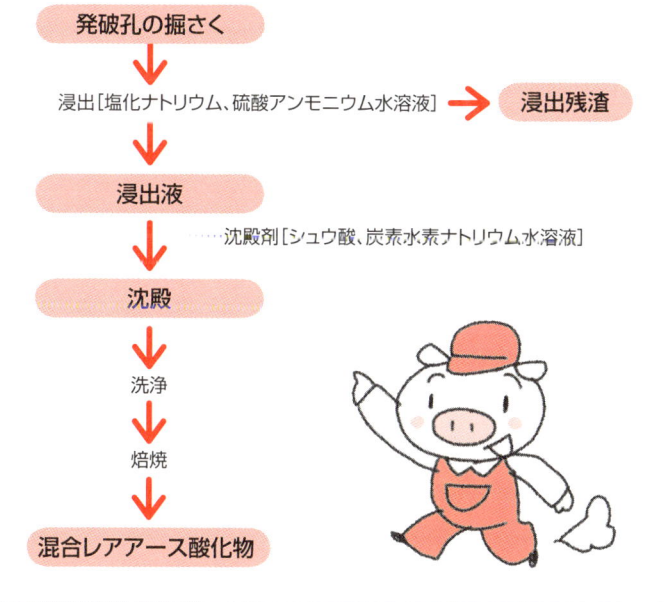

発破孔の掘さく
↓
浸出[塩化ナトリウム、硫酸アンモニウム水溶液] → 浸出残渣
↓
浸出液
↓ ……沈殿剤[シュウ酸、炭素水素ナトリウム水溶液]
沈殿
↓ 洗浄
↓ 焙焼
↓
混合レアアース酸化物

Column

カザフスタンの原爆実験場がレアアースの生産基地になるかも?

ソ連時代の原爆実験場は、今のカザフスタンの東カザフ州とロシアとの国境近くに1949年につくられました。アルタイ山脈の西方に拡がる草原—半砂漠の地域です。ソ連の原爆開発者クルチャトフの名がつけられた人口1万人の町は、"モスクワ400"と呼ばれていた秘密の町で、核開発基地であり、原爆研究者と家族、軍人2万人が住んでいました。スターリンの片腕のベリヤが陣頭指揮してつくられ、基地の中心部に原爆の研究所があったのですが、今は市庁舎にかわり、クルチャトフの銅像が立っています。1949年から1989年までの間に、通算456回の核実験が行われ、うち116回は陸上実験で、そのほかは地下実験でした。水爆実験も行った、冷戦時代を象徴する基地なのです。セミパラチンスク(今

はセメイと言う)をはじめ周辺地域に放射性物質が降り注ぎ、放射能汚染に起因すると思われる健康被害に苦しむ住民もたくさんいます。クルチャトフには現在は国立原子力センターが町の中央部に建設され、カザフスタンの原子力研究基地となっています。

国立原子力センターに属するカザフスタン国立原子力研究所と2012年5月に東芝は放射性物質除染技術開発研究で協力することに合意、開発技術を福島第一原発事故のがれき処理や除染、廃炉などに利用していく予定です。

カザフスタンのレアアース事業は、ソ連時代からのイルテッシュケミカルコンビナートで、今ドイツ資本のIRESCOが、年間1000トンの分離レアアース化合物を生産し、日本企業に供給しています。この原料はコラ半島の鉱山からのレア

アース鉱物、ロパライトが原料であり、ウラルで混合レアアース化合物にされ、カザフスタンに送られています。しかし、2012年より、レアアースを戦略資源としたロシア政府は、カザフスタンへの供給を規制し始めています。カザフスタンにもチタン鉱山の副産物としてモナザイトが産出するため、自国からの供給体制構築を目指し、国立原子力センターが中心となって、モナザイトからレアアースとトリウムを生産していくことが検討されています。将来実現すれば、かつての原爆実験場がレアアースの原料処理基地になっていくかもしれません。また取り出されたトリウムを利用するトリウム溶融塩炉の実験場にもなる可能性も秘めています。

70

第4章
レアアースの精錬はどのようにするのか

第4章 レアアースの精錬はどのようにするのか

29 レアアース精鉱からレアアース元素を溶かし出す

レアアース水溶液

レアアースの鉱石採取から始まってレアアース元素の精製に至るには、長くて複雑な工程となります（左図）。本章ではレアアース精鉱からレアアース元素を溶かし出すプロセスについて説明します。

レアアース元素の精製には後述の溶媒抽出が必須なのですが、そのためにはレアアース元素がまず水に溶けたレアアース水溶液になっていなければなりません。レアアース鉱物精鉱の状態ではまだ岩石と同じなので、基本的に水には溶けません。これを水に溶けるようにするのが焙焼処理です。焙焼とは精鉱を鉱石が溶融しない温度範囲で、必要に応じて酸やアルカリと混合しながら、加熱して鉱物を反応、変質させる処理です。これによって精鉱中の鉱物はその組成や構造が変化し、後工程で行われる各種工程に適した鉱物に変化します。焙焼法には、酸化焙焼や還元焙焼、気化焙焼などいろいろな方法があります。レアアース鉱物精鉱に対しては、硫酸焙焼やアルカリ焙焼などを

行って、水に溶けるレアアース化合物を作ります。レアアース元素を含む代表的な鉱物の例としてモナザイトがあります。モナザイトはレアアース元素のリン酸塩化合物で、比較的強固な結晶構造をしています。
これを水溶性化するためには、ロータリーキルンの中で、硫酸と混合しながら、ガスや電気で200℃〜300℃ぐらいに加熱します。このとき以下の反応でモナザイトから硫酸塩レアアース化合物が形成されます。

$$2RPO_4 + 3H_2SO_4 \rightarrow R_2(SO_4)_3 + 2H_3PO_4$$

上式中のRはレアアース元素を表しています。
塩化合物に変化すると鉱石は水に溶かすことができ、レアアース硫酸塩溶液が作られます。硫酸ではなくて水酸化ナトリウムで分解する方法もあります。

$$RPO_4 + 3NaOH \rightarrow R(OH)_3 + Na_3PO_4$$

この場合はレアアースの水酸化物が生成します。両者ともさらに酸の濃度や種類を調整して、溶媒抽出工程に投入されます。

要点BOX
● レアアース元素の精製には溶媒抽出が必須。そのためにはレアアース元素が水に溶けたレアアース水溶液を作る必要がある

レアアースメタルの製造工程

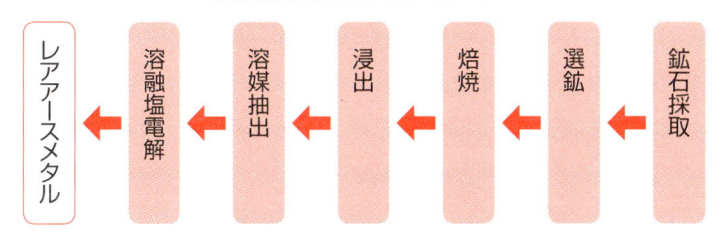

鉱石採取 → 選鉱 → 焙焼 → 浸出 → 溶媒抽出 → 溶融塩電解 → レアアースメタル

レアアース元素の焙焼、浸出工程

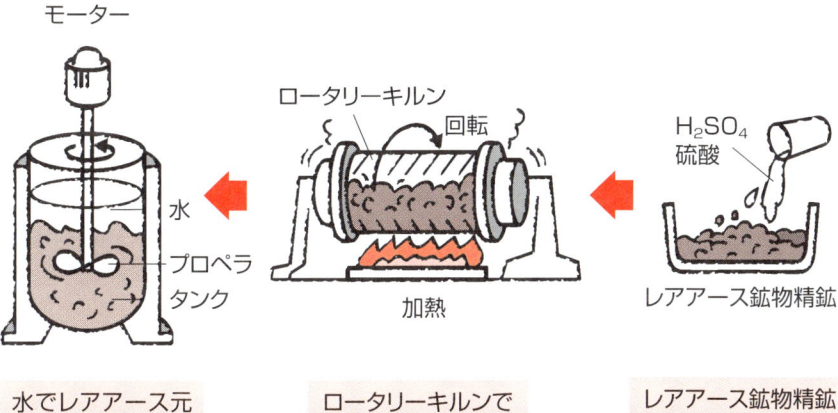

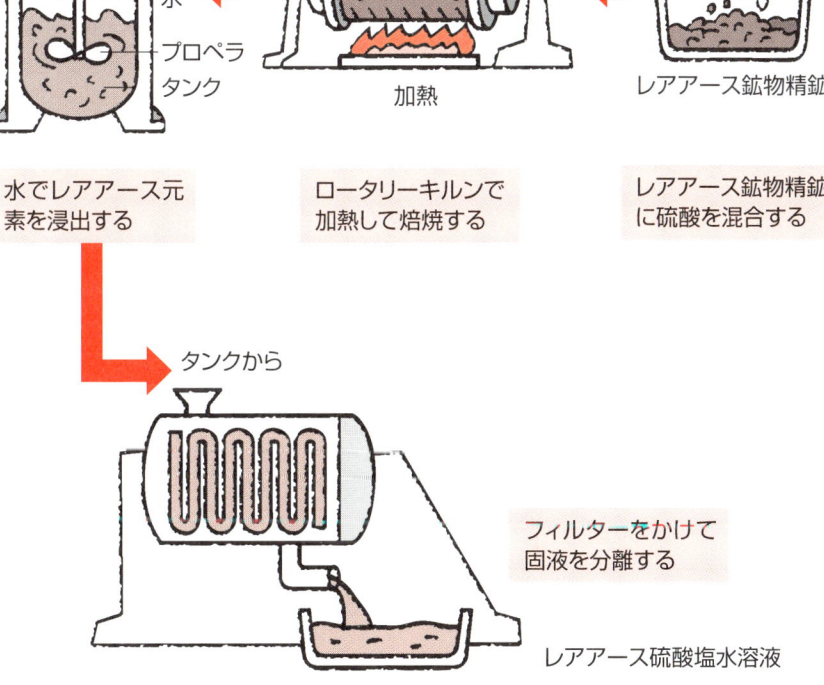

モーター / 水 / プロペラ / タンク

ロータリーキルン / 回転 / 加熱

H₂SO₄ 硫酸 / レアアース鉱物精鉱

レアアース鉱物精鉱に硫酸を混合する

ロータリーキルンで加熱して焙焼する

水でレアアース元素を浸出する

タンクから

フィルターをかけて固液を分離する

レアアース硫酸塩水溶液

30 溶媒抽出ってどんな方法?

攪拌と静置の繰り返し

前述の焙焼と浸出の工程によって、各種のレアース元素が混合して溶けているレアアース酸性溶液が製造されました。さらに、元素ごとの純粋な成分に分離精製するために、溶媒抽出工程に投入されます。

溶媒抽出とは、水と油に対する元素イオンの溶解度差を利用した精錬法で、その原理を左図に示します。

まずレアアース元素が溶けている酸溶液に特殊な油を投入し、攪拌します。攪拌した混合溶液をその後静置すると、油は上に水は下へと再び分離します。そのときレアアース酸性溶液に入っていたレアアース元素の中から、油と馴染みの良いレアアース元素が油に抜き取られ、油になじみにくいレアアース元素は酸性溶液に残ります。

各レアアースイオンの水と油への親和度に差のあることを利用するのです。実際の製造工程では、図に示すようなミキサーセトラーという装置で連続的に攪拌と静置が行われます。この装置はその名の示す通りに、混合部(ミキサー部)と静置部(セ

トラー部)の二つに部分に分かれていて、さらに水相と油相の流入出口が前後のミキサーセトラーに結合されています。

レアアース元素は化学的性質が互いに似通っているため水と油の溶和度の差は一般的に小さく、攪拌と静置を何度も繰り返して分離しなければなりません。本図ではミキサーセトラーを8個連結することもあります。本図ではミキサーセトラーを横から眺めて描いてあり、攪拌と静置を繰り返しながら水と油が互いに逆方向に流れることが分かります。実際の溶媒抽出ラインにおいては、レアアースの水と油への親和度の差が小さいので、この単位ユニットをさらに多数連結します。全てのレアアース元素を分離するには、数百段のミキサーセトラーが必要になります。溶媒抽出法は、精製したい元素が水に溶けていれば、レアアース元素に限らずあらゆる元素種を分離することができ、銅やニッケル、コバルトなどの精製においても本法が利用されています。

要点BOX
- 溶媒抽出とは、水と油に対する元素イオンの溶解度差を利用した精錬法

溶媒抽出法の原理

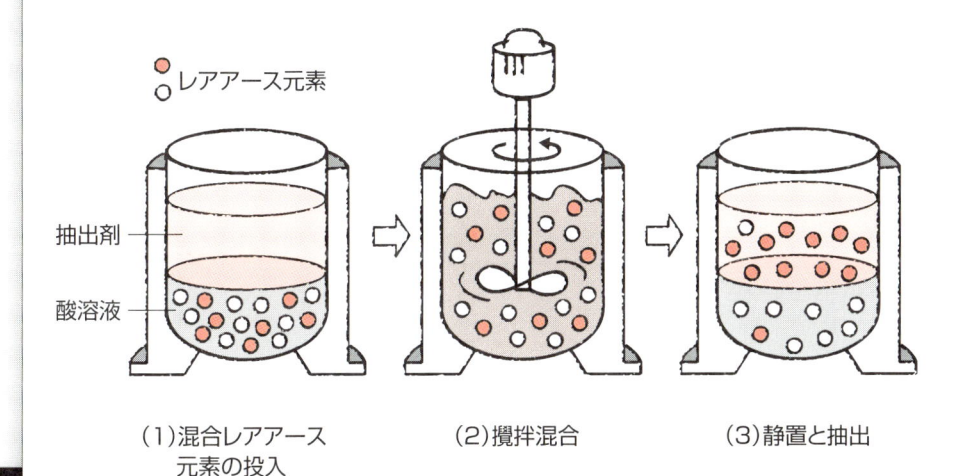

- レアアース元素

抽出剤
酸溶液

(1) 混合レアアース元素の投入
(2) 攪拌混合
(3) 静置と抽出

ミキサーセトラーの構造

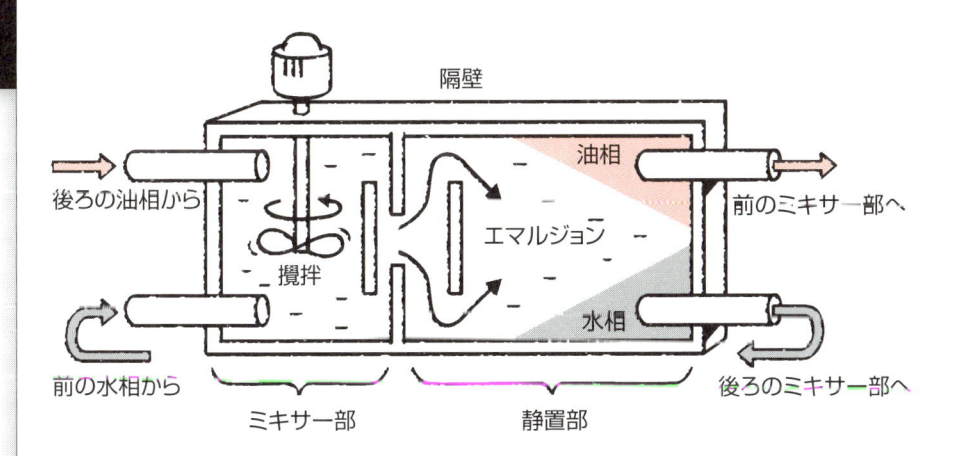

隔壁
後ろの油相から
攪拌
油相
エマルジョン
水相
前のミキサー部へ
前の水相から
後ろのミキサー部へ
ミキサー部
静置部

31 溶媒抽出法で様々なレアアース元素を分離

分離精製は結構大変

前項で溶媒抽出法の基本的原理について説明しました。溶媒抽出法で何種類ものレアアース元素を分離するには、工夫した仕組みが必要となります。

左図は、1種類の元素を分離するのに必要な溶媒抽出ラインの基本的な構造を示します。このラインは、抽出段、精抽出段、逆抽出段の3種類のユニットから成りたっています。それぞれのユニットにはミキサーセトラーが複数組み込まれていて、その段数は分離する元素の種類と抽出溶剤の性能によって変わります。

前項で説明したように、水溶液と抽出剤は基本的に逆向きになって流れ、そして抽出段はこの三つのユニット間を絶え間なく巡回します。酸溶液が精抽出段へ注入され、原料フィード液は抽出段の端部に供給します。注入された原料液は、抽出剤と混合し分離を繰り返しながら分離したい元素が抽出剤に溶脱されて行きます。この抽出段においては目的とする元素を完全に捕捉するために、抽出剤に余分の元素を含まれるぐらいの強い吸収を行わせます。多くの元素を吸収した抽出剤は次に精抽出段に送り込まれ、ここでは目的元素以外の元素の抽出条件を調整します。精抽出段で目的元素以外の不純物元素は全て水相に落とされ、スクラブ溶液は抽出段へと帰って行きます。純度が上がって目的元素のみとなった抽出剤は次に逆抽出段に送られて、逆抽出操作にかけられます。逆抽出とは抽出剤を強い酸で洗うことで、抽出剤に溶けていた目的元素イオンを酸溶液中に引き落とす工程です。目的元素は最終的に逆抽出酸溶液に含まれ、一方抽出剤は綺麗になって抽出段へ先頭に循環されます。以上の工程を通して始めて目的とする一つの元素が得られます。残りの元素を含む抽出排液は次のユニットのフィード注入口へと供給されます。（左図）このような操作を繰り返して多種類の高純度レアアース元素が分離精製されます。

要点BOX
- 溶媒抽出ラインの基本的な構造は、抽出段、精抽出段、逆抽出段の3種類のユニットから成りたっている

1個のレアアース元素を抽出するための溶媒抽出ユニット

←：酸水溶液の流れ　　←：油抽出剤の流れ

ソルベント（油抽出剤＋希釈溶剤）

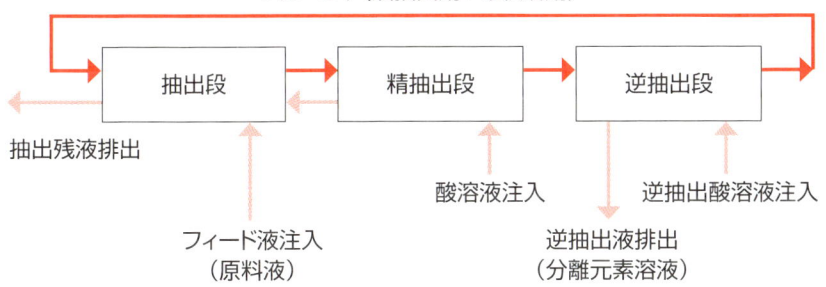

抽出段　→　精抽出段　→　逆抽出段

抽出残液排出

フィード液注入（原料液）

酸溶液注入

逆抽出酸溶液注入

逆抽出液排出（分離元素溶液）

複数のレアアース元素を抽出するための溶媒抽出ライン

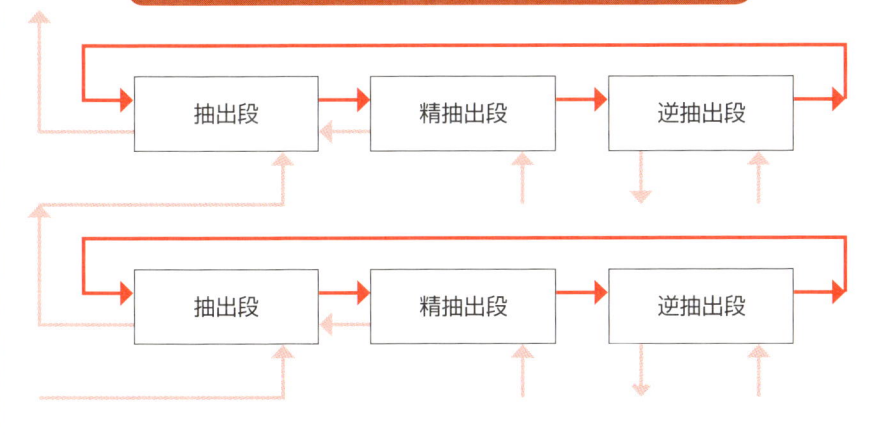

抽出段　→　精抽出段　→　逆抽出段

抽出段　→　精抽出段　→　逆抽出段

溶媒抽出ライン

第4章 レアアースの精錬はどのようにするのか

32 どのようにレアアース酸化物から金属を作るの?

金属精錬法

溶媒抽出法で得られるレアアース元素は、焼成工程を経て最終的にレアアース酸化物になります。レアアース酸化物はそのままでもいろいろな製品に利用できますが、酸素を取り除いた金属(メタル)としての用途も重要です。この章では、レアアース元素の金属精錬(還元)法を、強力磁石を作るレアアース元素ネオジム(Nd)を例にして説明します。

金属を精錬するには多くの方法がありますが、現在最も一般的に行われているのは、溶融塩電解法です。溶融塩電解法はアルミニウム精錬においても広く行われており、その基本原理は金属にメッキをする場合とほとんど同じです。電気メッキでは金属にメッキをする金属へ還元するのですが、レアアース元素は酸素との親和力が強いので、水溶液中のレアアースイオンを電気力で還元することはできません。水の代わりに数百度以上の溶けた溶融塩を作り、その中にNd酸化物を溶かしてイオンとし、さらに電気力で還元してNdメタルとします。Nd溶融塩電解炉の構造例を左図に示します。耐火物でできた坩堝(るつぼ)の中に何種類かのフッ化物を入れ加熱します。これが溶融塩となります。それにNd酸化物を投入すると酸化物がNdイオンとなって溶融塩に溶け込み、さらに浴にかけた電気電位によって陰極で還元されます。

生成したNdメタルは陰極から滴下して、下部のモリブデン(Mo)容器に回収されます。この反応で発生した余りの酸素イオンは、陽極でカーボンと結びついて二酸化炭素またはその他のガスとなって放出されます。左下に各電極での反応式があります。実際の反応がこのように進んでいるかどうかは研究データとして確かめられていませんが、理解しやすいように単純に仮定した反応式です。最終的には(3)で示した反応を右側に進行させるように、炭素が電気の力を借りながらレアアース元素を還元する反応となります。

要点BOX
- 金属を精錬する方法の中でも最も一般的に行われているのが溶融塩電解法で、その基本原理は金属にメッキをする場合とほとんど同じ

ネオジム(Nd)酸化物の溶融塩電解炉

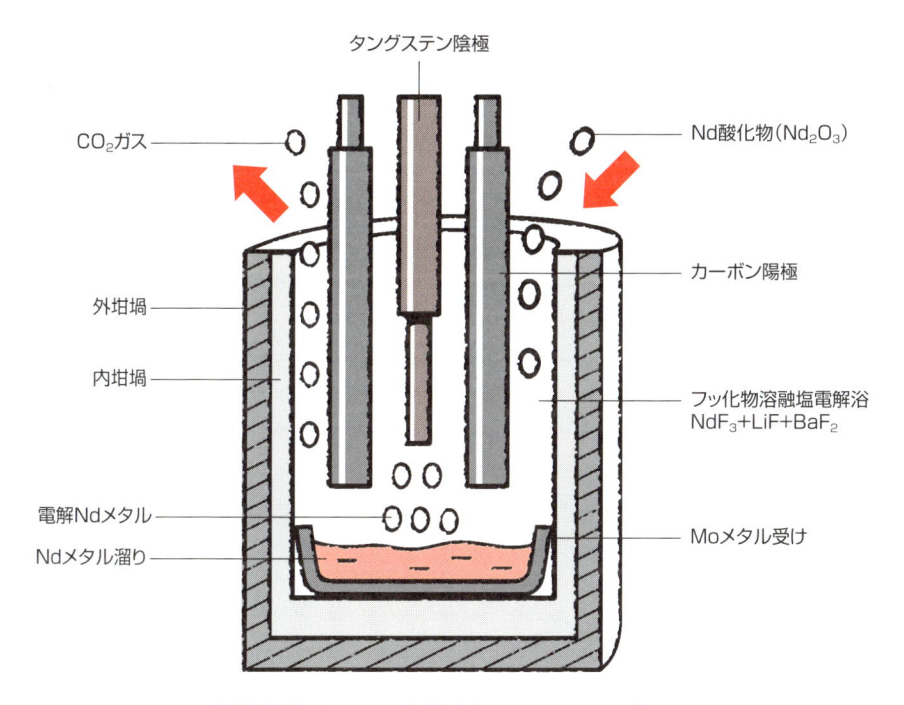

- タングステン陰極
- CO_2ガス
- Nd酸化物(Nd_2O_3)
- 外坩堝
- 内坩堝
- カーボン陽極
- フッ化物溶融塩電解浴 $NdF_3+LiF+BaF_2$
- 電解Ndメタル
- Ndメタル溜り
- Moメタル受け

電解条件:6〜10V(ボルト)、950〜1000℃

ネオジム(Nd)の溶融塩電解反応

陽極 : $C + 2O^{2-} \rightarrow CO_2(g) + 4e^-$ (1)

陰極 : $Nd_2O_3 + 6e^- \rightarrow 2Nd + 3O^{2-}$ (2)

全体 : (3) = 3×(1) + 2×(2)
$2Nd_2O_3 + 3C \rightarrow 4Nd + 3CO_2(g)$ (3)

● フッ化物溶融塩浴に溶融させた酸化物のカーボンによる電解還元

第4章 レアアースの精錬はどのようにするのか

33 さまざまな用途に使われるレアアース

それぞれのレアアース化合物・金属

レアアースの用途には実にさまざまなものがあって、化合物や金属合金などの形態で各種材料に利用されています。各レアアースの使用量は、地球上のレアアース賦存量あるいは生産量とは関係なく、その時その時の応用製品の販売量や技術の盛衰によって増減し、価格が大きく変動することがあります。

左図に2008年度の用途別のレアアース生産量を示します。この年の世界の総生産量は12.4万トンで、もっとも大きい用途は永久磁石です。永久磁石にはネオジム(Nd)が主に使用されています。永久磁石にはサマリウム(Sm)系の磁石もありますが、全体の5%以下と考えられます。

次に多いのが、金属合金用と触媒用です。金属合金の中身は、水素吸蔵合金と鉄鋼材料の溶解に使われる脱酸剤です。水素吸蔵合金に使われるレアース元素は、セリウム(Ce)やランタン(La)メタルで、それらをCoやNiなどの他の金属と合金にして、水素吸蔵2次電池となり、ハイブリッド自動車の蓄電池にも使われています。

触媒用にも同じくセリウムやランタンが、酸化物あるいはセラミックス添加剤の形で使用されます。触媒には、石油の分解精製に使われるFCC (Fluid Catalytic Cracking)触媒とガソリンやディーゼル自動車の排気ガス浄化三元触媒という大きな二つの用途があります。

研磨剤には、Ceの酸化物が液晶ガラスや半導体Siの表面研磨に使われています。ランタンやイットリウム(Y)は、他のガラス材料と混合してレンズに使用されています。

蛍光体に使用されるレアアースもきわめて重要な応用製品です。テレビがブラウン管だったときにも、現在の液晶やプラズマテレビでも、レアアースは不可欠の成分です。この用途には、ユウロピウム(Eu)、イットリウム(Y)、セリウムさらにはテルビウム(Tb)等が使用されています。

要点BOX
●レアアースのもっとも大きい用途は永久磁石で、これにはネオジム(Nd)が主に使用されている

用途別のレアアース世界生産量　2008年

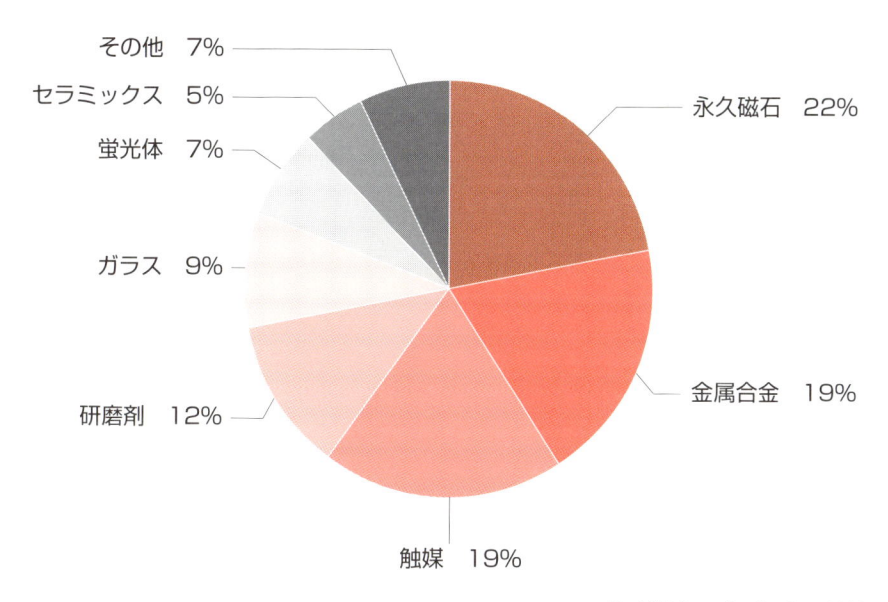

- その他　7%
- セラミックス　5%
- 蛍光体　7%
- ガラス　9%
- 研磨剤　12%
- 触媒　19%
- 金属合金　19%
- 永久磁石　22%

Roskill Information Services 2008

ネオジム(Nd)磁石製品の写真

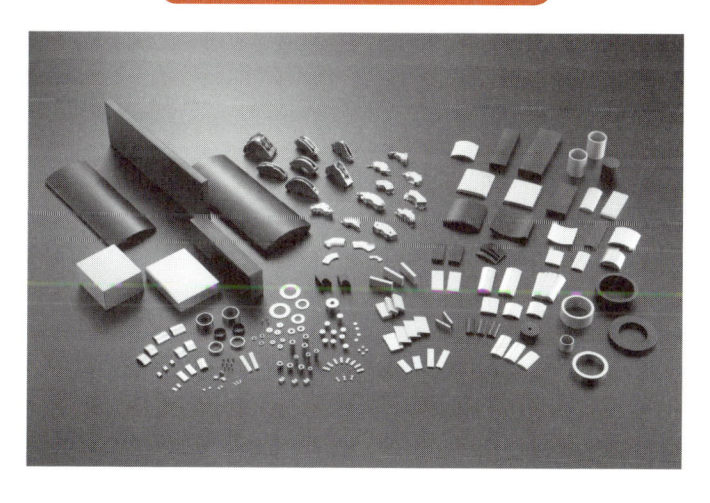

第4章 レアアースの精錬はどのようにするのか

34 レアアース磁石ってそんなにすごいの？

サマリウム磁石とネオジム磁石

左図に永久磁石の分類を示します。永久磁石はフェライト磁石と金属磁石に大きく二分され、さらに金属磁石はアルニコで有名な合金磁石とレアアース磁石の二つに分けられます。レアアース磁石においても二つの分類があって、一つがサマリウム（Sm）磁石でもうひとつがネオジム（Nd）磁石です。レアアース磁石の歴史は比較的短く、1960年代からSm磁石の研究が始まって、その後1983年に佐川眞人博士によってNd磁石が発明されて、今日の隆盛に繋がっています。歴史については、「コラム 永久磁石開発の歴史（92ページ）」をご参照下さい。

レアアース磁石のすごいのは、まずはその磁力の強さです。皆さんが普段の生活で最もよく見かける磁石は、真っ黒い色をしたフェライト磁石です。最近たまに銀色をした強力な磁石を見かけることがありますが、これはニッケルメッキを施したNd磁石です。このフェライト磁石とNd磁石の磁力の強さを比較してみると、左図のようになります。つまり、フェライト磁石とNd磁石の強さの違いは、約10倍以上もあるのです。磁石の強さを文章で表すのはなかなか大変なのですが、もしタバコの箱ぐらいのNd磁石があったとしたら、その磁石の磁力で小さな自動車一台ぐらいは簡単に引っ張れます（自動車を引っ張るだけの力があなたにあれば）。またもしそのタバコの箱ぐらいのNd磁石に手をはさまれでもしたら、指の骨が折れるぐらいは簡単なことなのです。すごいことですね。

レアアース磁石のさらにすごいのは磁力の強さだけでなく、短期間にその生産量を驚くほど拡大したことです。1980年代には年間100トンにも満たなかった生産量が2008年には1万トン以上と約百倍も伸びています。これは前述したNd磁石が83年に発見された後、数多くの製品に広く応用されたためです。

要点BOX
●レアアース磁石は、磁力が強いだけではなく、短期間にその生産量を驚くほど拡大。2008年には、1980年代の約百倍になっている

永久磁石材料の分類

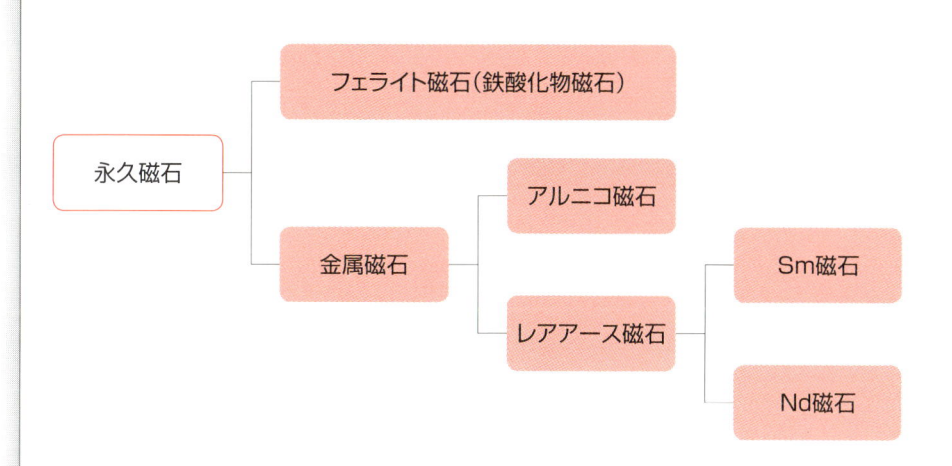

- 永久磁石
  - フェライト磁石（鉄酸化物磁石）
  - 金属磁石
    - アルニコ磁石
    - レアアース磁石
      - Sm磁石
      - Nd磁石

永久磁石材料の磁力の比較

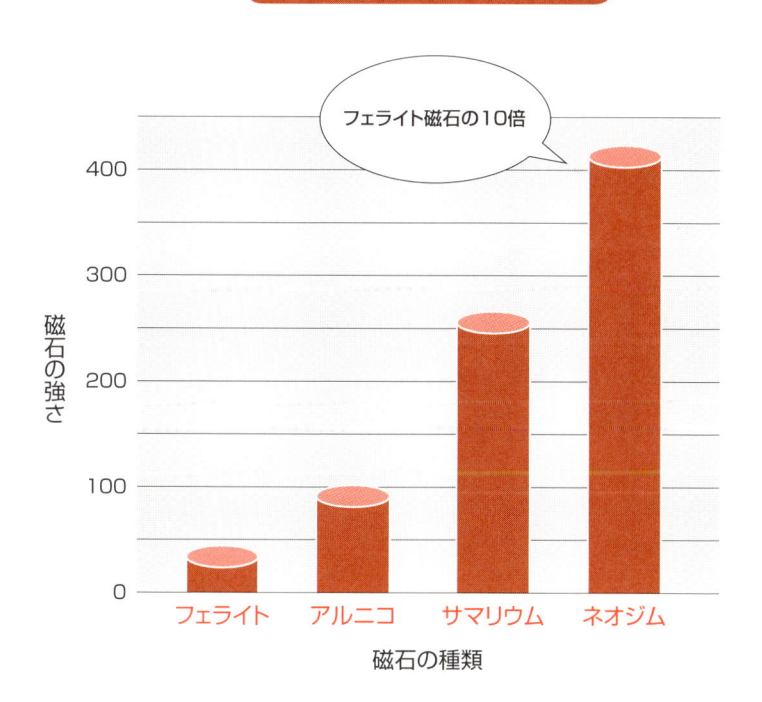

フェライト磁石の10倍

磁石の強さ

磁石の種類	フェライト	アルニコ	サマリウム	ネオジム
磁石の強さ	約30	約90	約250	約410

第4章 レアアースの精錬はどのようにするのか

35 レアアース磁石の製造は手間がかかり複雑なんだ！

磁石合金の作り方

29〜31でレアアース鉱床からレアアース金属が作られる工程について説明しました。得られたレアアース金属からレアアース磁石を製造するにはさらに複雑な工程が続きます。その製造工程を左図に示します。

左上の溶融塩電解については21項で説明しました。次にNdメタルを他の合金元素、すなわち鉄やボロン等を秤量して混ぜ合わせ、アルミナ坩堝に装入します。真空あるいは不活性ガス雰囲気下の高周波溶解炉で誘導電流をかけ、1500℃ぐらいの高温に加熱して溶解します。それを急冷、凝固させて磁石材料のもとになる磁石合金ができ上がります。この工程で、最初はそれぞれ別々の元素だったものが、高温で反応して$Nd_2Fe_{14}B_1$なる金属間化合物に変化し、高性能磁石の基本物質が作られます。得られた合金原料を粉砕して数ミクロン以下の微粉にします。このとき用いられる粉砕機はジェットミルという装置で、高圧の窒素ガスの中に被粉砕物である合金粗粉を混合し、混ぜた気流同士を高圧、高速で衝突させることで、ガス気流中の合金粉同士が互いに衝突する機械です。高圧ガスの断熱膨張による吸熱が粉砕によって発生する熱を冷却し、さらに合金同士が互いにぶつかって粉砕されるので不純物の混入がないなどの特徴があります。合金を細かく粉砕すると、一つ一つの粒が単結晶となること、細かいほど耐熱性が良くなるので、できるだけ細かく粉砕します。次に金型の中に微粉を入れ、外部から磁場をかけて粉の結晶方向を磁場方向に整列し、プレス成型します。できた成型体を雰囲気加熱炉に入れて高温で焼結し、焼結体磁石ブロックが得られます。成型体時には相対密度で50％ぐらいだったものが、焼結後は空孔がなくなってほぼ100％の緻密な磁石ブロック体となります。磁石ブロックの磁気特性を測定してから、加工と表面処理を行い、さらに寸法検査、着磁等を施して出荷されます。

要点BOX
- できるだけ細かく粉砕し、金型に入れ、外部から磁場をかけてプレス成型する

Nd磁石の製造工程

1500℃の高温で融解する

溶融塩電解 → 秤量 → 高周波融解炉 → 粉砕

加工 ← 特性検査 ← 焼結 ← 磁場プレス成型

表面処理 → 寸法測定 → 着磁 → 出荷

図案：信越化学㈱　木村元氏

第4章　レアースの精錬はどのようにするのか

36 日本のレアアース磁石は世界一

高性能磁石はほぼ日本が独占

今から30年ぐらい前には、日本だけでなく世界に磁石を作る会社が存在していました。しかし現在Nd磁石を生産しているのは日本と中国の会社だけになっています。さらに、高性能の産業用Nd磁石はほぼ日本の3社、信越化学と日立金属、TDKが世界の市場を独占しています。レアアース磁石の販売金額は、原材料価格によっても変わりますが、日本全体で年間約1000億円となっています。

中国は、Nd磁石を日本の総生産量の何倍も製造していると主張していますが、疑問がもたれています。日本よりたくさん生産されていたとしても、それは性能の高くない低級品か、あるいは中国国内専用の電動バイクや風力発電機用などに使われていると考えられます。日本及び西欧諸国における高性能の産業用製品、例えばハイブリッド自動車用モータ、産業用モータ、高効率エアコンなどには専ら日本製のNd磁石が使われています。中国製Nd磁石は、コストは日本製に比べて安いのですが、性能が不十分で磁気特性にバラツキがあるなどの問題があります。

Nd磁石の応用製品の一つとして、コンピュータのハードディスクドライブ（HDD）に入っているボイスコイルモータ（VCM）があります。あらゆるHDDにはNd磁石が、左図に示した部分に通常2個使われています。HDDは世界で年間数億台生産されていますので、約10億枚のNd磁石がHDDに応用されています。この製品は数年前までは日本製のNd磁石がほぼ独占していましたが、HDD業界における激しい価格競争のために最近は中国製も使われるようになって来ました。

ハイブリッド自動車や電気自動車への Nd 磁石の搭載も進んでいます。このような高級用途の Nd 磁石は、日本の自動車メーカーはもとよりアメリカやヨーロッパの自動車会社ほぼ全てが日本製の Nd 磁石を使っています。日本のレアアース磁石は世界一の高性能磁石なのです。

要点BOX
- ハイブリッド自動車や電気自動車など高級用途のNd磁石は、世界の自動車会社ほぼ全てが日本製のNd磁石を使っている

ハードディスクドライブとNd磁石

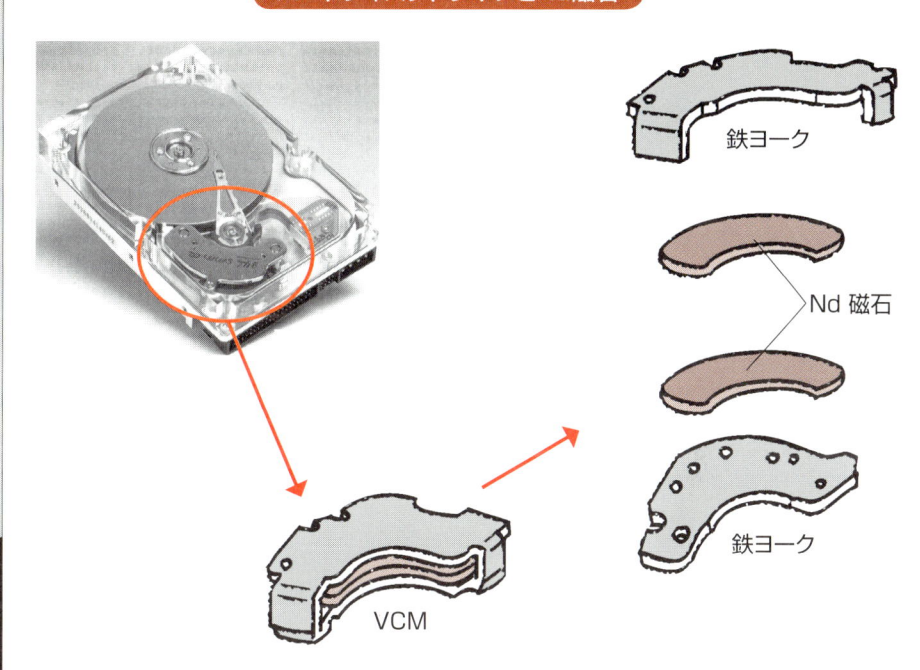

鉄ヨーク

Nd 磁石

鉄ヨーク

VCM

ハイブリッド自動車に使われるNd磁石

Nd磁石発電機

Nd磁石駆動モータ

第4章 レアアースの精錬はどのようにするのか

37 用途開発最前線、Nd磁石の新しい応用はまだまだありそうだ！

その高性能を活かして

Nd磁石の応用は、これからもまだまだ増えていくと考えられます。例えば自動車におけるNd磁石の利用は、今後ハイブリッド自動車が増えていくにしたがって、さらには電気自動車なども加わって、増加して行くでしょう。最近レアアース元素価格の高騰で、レアアース磁石を使わないモータの開発が話題となっていますが、レアアース磁石を使わないとモータの重量が重くなり、電気も電池もたくさん必要となるので、効率的でも経済的でもありません。

普通のガソリン自動車においてもNd磁石の利用が拡大しています。例えば自動車のパワーステアリングは油圧ポンプ方式から電動モータ方式に切り替わりつつあります。油圧式パワーステアリング（EPS）の場合は油圧モータがエンジンに直結されているので、パワー補助の必要がないときにもエンジンが動いていれば油をかき回しています。一方電動式の場合は、ステアリング力の必要なときに電動モータのスイッチを入れて

パワーを補助するため効率的であり、その結果燃料効率が向上します。この電動式パワーステアリングモータにもNd磁石が組み込まれています。

風力発電機の発電装置にこれからNd磁石が使われるようになると考えられています。風力発電機は再生可能エネルギーの主役として、世界的に大きく成長しています。年々大型化し、発電効率が向上、コストが安くなってきました。これからもさらに大型化するには、ローターは小さくできないので、タワーの上に載せる装置を小型化する必要があります。そこで発電機装置に高性能Nd磁石を組み込んで軽量で小型にしようというもので、ハイブリッド自動車と目的は一緒です。ハイブリッド自動車の場合は1台（50キロワット）につき1キログラム程度のNd磁石が使用されるのに対して、風力発電機は、2000kwから300 0kw級の風力発電機1台で数百キログラムから1トンものNd磁石が使われると考えられます。

88

要点BOX
●レアアース磁石を使わないとモータの重量が重くなり、電気も電池もたくさん必要となるので、効率的でも経済的でもない

電動パワーステアリング（EPS）

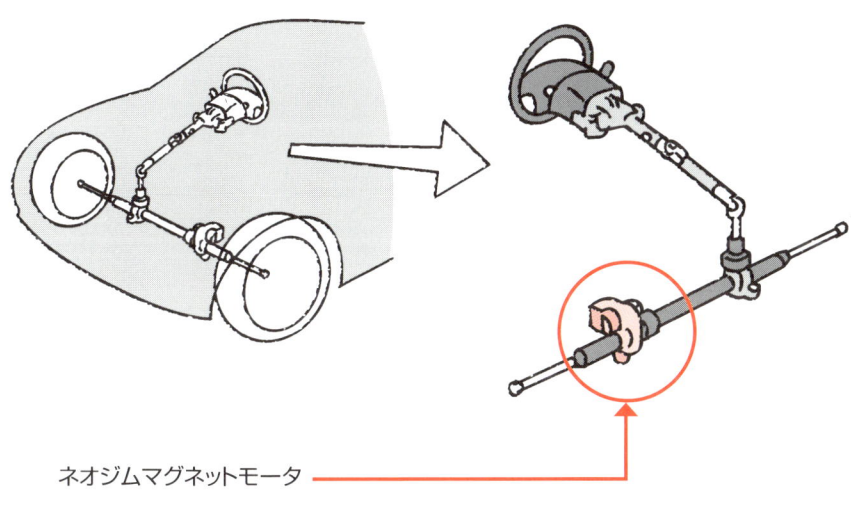

ネオジムマグネットモータ

http://www.trw.com/sub_system/electrically_powered_steering

風力発電機

風力発電機の内部構造

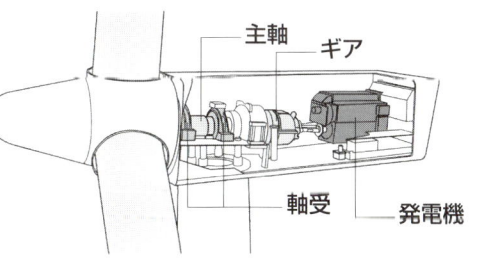

主軸　ギア　軸受　発電機

第4章　レアアースの精錬はどのようにするのか

38 高価なレアアース元素の使用量を削減する省資源技術開発

価格の高騰に対応

レアアース元素はその性質に応じていろいろなものに応用されているのですが、存在量と必要量においてどうしてもギャップが生じてしまい、一部の元素で価格の高騰が起こります。今最も高価なレアアース元素は、ユウロピウム（Eu）とテルビウム（Tb）とジスプロシウム（Dy）の三種類です。このうちEuとTbは蛍光灯用の蛍光体です。蛍光灯用蛍光体の使用量を削減する議論に関しては、45で述べます。もう一つの元素Dyは、Nd磁石の生産量が急激に拡大したために供給がタイトとなっている元素です。

左図にNd磁石の組成を示しますが、Nd磁石はNd28wt%に比べてわずかですが、Dyには高温の磁気特性を維持するという重要な役割があります。自動車などの産業用においては使用環境が厳しく、高い耐熱性を持たせる必要があるのです。Nd磁石の研究開発においては、この貴重なDyをいかに少量で効率よく使い耐熱性を向上させるかが目標となります。

最近信越化学工業が開発した粒界拡散（合金）法は、この問題に大きな前進をもたらしました。従来のNd磁石の製造法ではDyを溶解して添加していました。その場合Dyは合金全体に均一に分散します。Dyは元来合金の結晶粒付近に偏在させるのが耐熱性向上に効果的で、添加量が少なくて済むことは分かっていました。そこでDyを溶解時に添加するのではなく、焼結後に表面から結晶粒界を通して拡散させることにしたのです。その結果Dyは粒界付近に存在しながら粒界を効果的に強化し、少量のDyでも耐熱性が大きく向上しました。左図は、Dyが粒界に存在しているイメージを表したものです。

ただこの方法はDyを表面から拡散させるので、厚い磁石の内部は表面近傍ほど耐熱性の高くないのが欠点となりです。

要点BOX
● Nd磁石の研究開発では、貴重なジスプロシウムをいかに少量にして、効率よく使い、耐熱性を向上させるかが目標となる

Nd磁石の組成

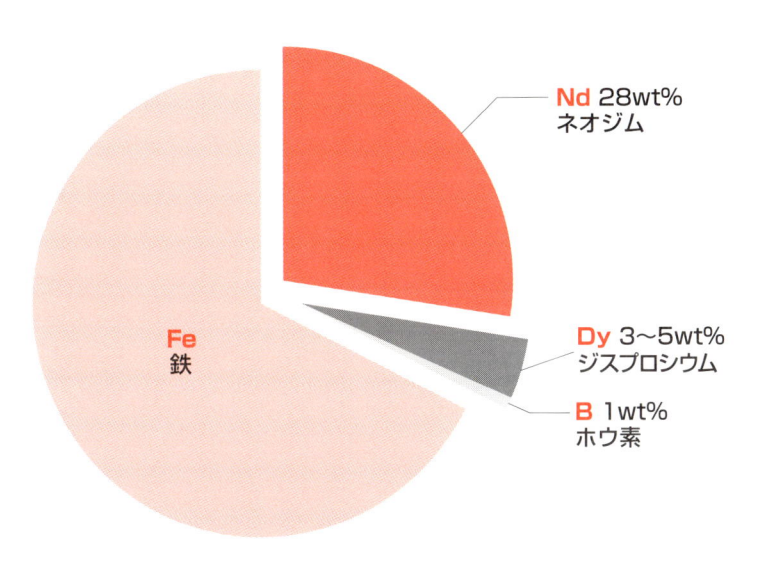

- **Nd** 28wt% ネオジム
- **Fe** 鉄
- **Dy** 3〜5wt% ジスプロシウム
- **B** 1wt% ホウ素

Dyの粒界における分布

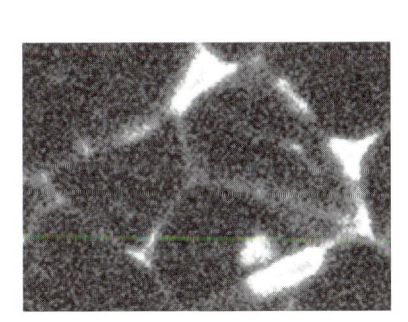

Dyの粒界偏在イメージ

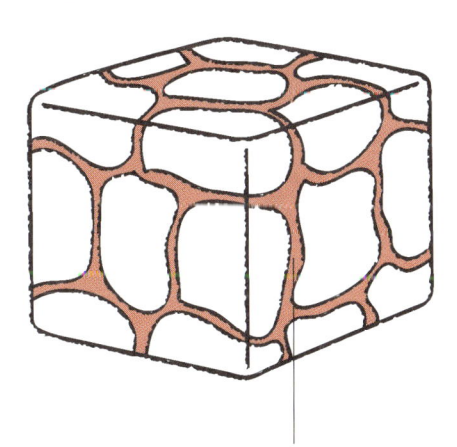

重レアアース元素の偏折

Column

永久磁石開発の歴史

日本には約百年にもわたる永久磁石開発の輝かしい歴史があります。筆者が学生の頃の教科書には、「1917年 本多光太郎のKS鋼の発明」という史実が記載されていましたが、一体何のことかわからずにいたことが思い出されます。実はこのKS鋼は、その当時、世界最高の磁気特性を実現した高性能磁石でした。本多光太郎博士は金属学全般において数々の優れた業績を挙げ、東北大学に金属材料研究所を設立しました。現在も存在するこの金属材料研究所で学んだ研究者がその後Nd磁石を発明することについては後で述べます。

KS鋼の研究を契機として日本の磁石研究はたいへん盛んになり、東京大学の三島徳七博士のMK鋼の研究や加藤・武井両先生はOP（Oxide Powder）磁石などの研究を行いました。MK鋼は後にGE社の研究によってアルニコ磁石へと発展し、OP磁石もオランダのフィリップ社によってフェライト磁石へと進化しました。この二つの磁石、アルニコとフェライト磁石は、研究の端緒においては日本人の研究者が深くかかわったのにも関わらず、最終的には海外の研究者がそれらを完成させた材料でした。

一方、レアアース磁石はアメリカで最初に研究されたものが日本において改良され、日立金属TDK、信越化学などの研究者によってレアアース磁石は世界的に販売されるようになりました。その頃のレアアース磁石はSm磁石でしたが、Coを含むことともSm自体が比較的希少なレアアース金属であったために高価な磁石でした。それを革新したのが、1982年に佐川眞人氏の発明したNd磁石です。NdはSmに比べてはるかに資源量が多く、さらにCoを使わずFeを主成分とすることから、安価で高性能な世界最高の永久磁石となりました。現在世界中で最も多く使われている永久磁石です。

佐川氏が本光太郎博士の設立した金属材料研究所で材料を学び、学位を取っていたことはあまり良く知られていませんが、機縁な歴史的出来事であります。Nd磁石が日本の磁石研究の歴史を受け継いでいると言えます。

第5章

都市鉱山ってなに？
リサイクルできるの？

39 "都市鉱山"ってなんだろう？

レアアースをどう取る

都市鉱山とは廃棄された電子機器、機械などの金属が入っている廃棄物を集めたもので、そこには鉄、アルミ、銅、亜鉛などのベースメタルのほか、金、銀、白金などの貴金属が多く含まれています。また、日本の都市鉱山の中には多くのレアメタルも含まれています。わが国においては家電、パソコン、自動車、建設廃材の他に小型電気電子機器のリサイクル制度も設けられ各種有用金属のリサイクル技術が期待されます。

しかし、レアメタルは、収集した廃棄物中で薄膜や微量添加元素として存在しており濃縮されておらず希薄で、ほとんど回収されていません。回収するには多量の廃棄物の収集および、安価にレアメタルを回収する新しいリサイクル技術の開発が必要です。

現在、レアアースは、蛍光灯、LED、カメラのレンズ、モータ内の磁石、ニッケル水素電池、自動車触媒などに使用されており、これらの廃棄物からレアースを回収する技術が盛んに研究されています。しかし、まず、第一にレアアースをできるだけ使用しないで製品を作る（Reduce）こと、例えば、レアアース磁石中の高価なジスプロシウムを減らして製造すること、資源量が多い金属などに代替して類似の特性の出る磁石を製造することが理想です。第二に、蛍光粉、LED、磁石、電池など、できるだけリユース（Reuse）して再利用することがエネルギー使用量も少なくコスト的に望まれます。第三にリユースできなくなれば、分解後選別したものを、浸出溶解してレアアースごとに溶媒抽出法で分離し、ついで乾式製錬で金属熱還元あるいは溶融塩電解で金属にして回収するリサイクル（Recycle）が必要です。選別し高純度化する技術、高温で分離回収する技術など各種研究されています。

そうはいっても、分解しやすく、リユースやリサイクルしやすい設計、廃棄も考えた設計を考慮して製品を作れば、レアアースの循環がより良く行えます。

要点BOX
- 都市鉱山とは廃棄された電子機器、機械などの金属が入っている廃棄物を集めたもので、日本の都市鉱山の中には多くのレアメタルも含まれている

"都市鉱山"てなーに！ レアアースをどう取るの？

都市鉱山
（使用済み電子機器やスクラップの山）

金属資源の鉱山

鉱山
鉱床

- たくさん集める必要がある。
- 各種金属元素が混合しており、濃縮して品位が高いことが望ましい。

- 多量に同じ種類の金属鉱物が存在している。
- 金属が濃縮して品位が高い。

レアアースを含む製品

- モータ中の永久磁石（Nd, Dy, Sm）…コンピュータ（ハードディスクドライブ）、家庭電化製品（エアコン、冷蔵庫、洗濯機、掃除機、デジタルカメラ、電気カミソリ）、音響機器（スピーカ、携帯電話、音楽携帯プレーヤー、DVD）、産業モータ（エレベータ、ロボット、NC加工機）、自動車、MRI、風力発電機などに使用

- 蛍光灯、LEDランプ（Y, La, Ce, Tb, Eu）

- カメラ内のレンズ（Y, La, Gd）

- ニッケル水素電池（La, Ce）

- 自動車触媒（Ce）

用語解説

溶融塩電解：イオン結晶からなる金属塩を加熱するとイオン伝導体になり、その中の電極に電圧を印加するとカソード上に金属が析出し採取、精製する方法。32項を参照

第5章 都市鉱山ってなに？ リサイクルできるの？

40 リサイクルの方法はどうするの？

より経済的なリサイクルを模索

レアアースのリサイクルは、まず、多量にレアアースを含む廃棄製品を収集することから始まります。時間的にコンスタントに、類似の廃棄製品を多量に分別収集することにより経済的なリサイクルが期待できます。収集後、廃棄製品中のレアアースがある部品を分解解体、あるいは破砕します。できるだけ、レアアースが存在する部品あるいは材料に単体分離すること（同じ材質のものに分けること）が必要です。レアアースを含む粉体や部品は物理選別して濃縮します。このとき、分解して材料あるいは部品として使用できるものはリユースして製品に戻すことがエネルギー消費も少なく経済的です。リユースできないものは、レアアースの入っている濃縮物を湿式製錬で溶解し、沈殿あるいは溶媒抽出後、さらに乾式製錬で精製し、高純度金属として回収します。ただ、現状では廃棄製品からのレアアースリサイクルはこれからです。

例えばレアアース磁石（レアアースマグネット）にはSm-Co（サマリウム、コバルト）系磁石とNd-Fe-B（ネオジム、鉄、ボロン）系磁石があります。レアアース元素を回収するには、レアアース磁石を物理的に解体する必要があり、ハードディスクドライブの場合、鉄のカバーをバーナーで切断し、内部のロータを手解体あるいは水中爆砕した後、温度を400℃程度に上昇させて磁石の磁力を消します。ハードディスクドライブに使用されているレアアース磁石は、磁石の部分だけをはずして取り出します。次いで、その粉末を化学的に場合により圧力をかけて溶解し、選択的に元素を溶媒抽出して分離濃縮します。

蛍光灯は、蛍光管の電極を切断し、水銀を回収後、蛍光管内の混合している蛍光粉を回収します。ここから3色の蛍光粉を分離し、特性を改善すると蛍光粉のリユースができます。また、完全に蛍光粉を溶解後、溶媒抽出しリサイクルする方法もありますが、経済的なリサイクルはこれからの課題です。

要点BOX
●現状では市中に出回った廃棄製品からのレアアースリサイクルの実用化はこれから。

リサイクルの方法

加工屑のリサイクル（一次リサイクル）

1. 加工屑
   ⬇
2. 湿式処理
   ⬇
3. 乾式処理
   ⬇
   レアアース金属

廃棄製品中のリサイクル（二次リサイクル）

1. レアアース含有廃棄物の収集
   ⬇
2. 分解や選択破砕
   ⬇
3. 湿式処理
   ⬇
4. 乾式処理
   ⬇
   レアアース金属

蛍光体粒子混合物の液液分離法

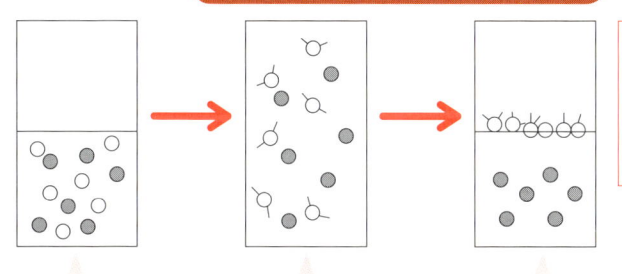

- ○ 蛍光体粒子1
- ● 異なる成分の蛍光体粒子2
- ― 界面活性剤

親水性溶媒に混合粒子を入れその上に比重の軽い疎水性溶媒を入れる

界面活性剤を添加し、溶液全体を撹拌すると界面活性剤が被膜し、一方の粒子が疎水性となる

静置させると界面活性剤で被膜された疎水性の粒子が疎水性溶媒中に集まり分離。

溶媒抽出法

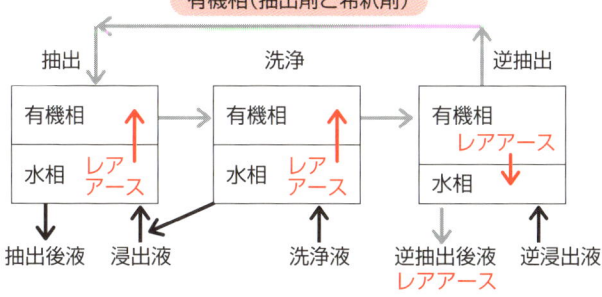

有機相（抽出剤と希釈剤）

抽出	洗浄	逆抽出
有機相 / 水相	有機相 / 水相	有機相（レアアース）/ 水相
抽出後液　浸出液	洗浄液	逆抽出後液（レアアース）　逆浸出液

第5章 都市鉱山ってなに？ リサイクルできるの？

41 リサイクルはまだもうからない

レアアース磁石製造における工程内スクラップである形状不良品、検査の端材などは、再使用され、組成調整して溶解し、磁石合金に再生され、通常のレアアース磁石と同様な工程を経て出荷されます。このように工程内のリサイクル（一次リサイクル）は行われています。しかし、一度、製品になってしまうと、使われるレアアースが少量なだけに、まだリサイクルされていません。例えば、小型家電14品目中のレアメタルのうちレアアースはレアアース磁石材料であるネオジム（Nd）とジスプロシウム（Dy）ですが、国内需要量に占める割合のおよそNdが0.2%、Dyが0.1%とわずかです。この場合、経済的回収には多量に集めることが必要で、回収しやすいシステムを作りリサイクルすることが必要ですが、難しいのが現状です。

また、蛍光体やLEDのようにレアアースが使用されていても微粒子、薄膜、混合物などであり、物理的な解体、分離濃縮には効率良い方法が必要で、この場合は、粉体のリユース方法が検討されています。さらに、溶解させて高純度レアアース酸化物までにしてリサイクルしようとすると、多量のエネルギーを必要としますので、経済的課題が多い状況です。また、光学レンズに含まれているレアアースは、30%のランタン（La）、数%のガドリニウム（Gd）やイットリウム（Y）が含まれ固溶体となっているので、リサイクルを試みます。アルカリ溶融してから溶媒抽出やシュウ酸による沈殿法で回収後、酸化物にします。しかし、蛍光体のリサイクルと同様に一度溶解させてから高純度の粉体を得ようとすると、よほどレアアースの価格が上昇しない限りは経済的にもうかりません。

一方、多量に使用されている家電品4品目や今後、廃棄物が出てくると予想される風力発電機や自動車などに使用される磁石は、解体、分解して、レアアース磁石製造業者へ回収して戻す連携がとれれば、リサイクルが可能になると期待されます。

工場内のリサイクルは行われているが…

要点BOX
● 一度、製品になってしまうと、使われるレアアースが少量なだけに、リサイクルはなかなか難しい

日本のメタル消費量に占めるリサイクル量（自給率）

レアメタル	コバルト3％、マンガン20％、モリブデン12％、ガリウム5％、ビスマス2％、タンタル2％、タングステン15％
ベースメタル	鉄30％、アルミニウム28％、銅10％、亜鉛3％、鉛50％
高価なメタル	金25％、白金20％、銀15％
毒性の強いメタル	水銀25％、カドミウム15％、砒素8％、アンチモン10％、セレン4％

（西山孝著　レアメタル・資源　丸善㈱より参照）

小型家電の潜在的回収可能量に含まれるレアメタルの量

● 小型家電14品目中に含まれるレアメタルの潜在的回収可能量は、国内需要に占める割合でみると、タンタル4.4％、ネオジム0.2％、タングステン0.1％、コバルト0.02％であることが明らかになった。

単位：トン

		Li	Co	Ga	Pd	In	Nd	Dy	Ta	W	Pt	Sb	Bi	La	Mn
小型家電	携帯電話	0.17	0.79	0.17	0.55	0.10	3.93	0.08	4.12	3.44	0.02	1.12	0.61	1.22	1.53
	ゲーム機（小型以外）	0.01	0.14	0.08	0.05	0.05	0.73	0.02	0.94	0.13	0.00	4.72	0.56	0.44	10.09
	ゲーム機（小型）	0.00	0.10	0.00	0.03	0.00	0.12	0.01	0.24	0.14	-	1.03	0.02	0.05	0.20
	ポータブルCD・MDプレーヤー	0.35	0.00	0.00	0.01	0.00	0.01	0.00	0.18	0.00	-	0.04	0.03	0.00	0.09
	ポータブルデジタルオーディオプレーヤー	-	0.00	0.00	0.00	0.00	0.00	0.00	0.00	0.00	-	0.00	0.00	0.00	0.00
	デジタルカメラ	0.02	0.06	0.02	0.07	0.05	0.12	0.02	2.85	0.24	0.00	0.63	0.07	0.05	1.12
	カーナビ	-	0.21	0.21	0.09	0.07	0.28	0.07	0.99	0.14	0.00	0.45	0.14	0.07	4.29
	ビデオカメラ	-	0.04	0.02	0.21	0.03	0.21	0.02	2.19	0.15	0.00	0.48	0.08	0.11	0.80
	DVDプレーヤー	-	0.33	0.12	0.09	0.14	0.44	0.11	2.51	0.47	0.01	3.73	0.34	0.26	9.50
	オーディオ	-	0.63	-	-	0.63	-	-	3.17	1.27	-	10.79	0.63	-	7.61
	カーオーディオ	0.01	0.21	0.01	0.06	0.06	0.06	0.00	0.00	0.01	0.00	1.92	0.13	0.03	0.41
	ヘアードライヤー	0.01	0.00	0.00	0.00	0.00	0.00	0.00	0.00	0.00	-	0.86	0.00	0.00	0.01
	電子レンジ	0.00	1.05	0.04	0.02	0.33	0.00	0.01	0.03	0.00	0.00	25.31	0.56	0.32	27.78
	電気掃除機	0.00	0.02	0.00	0.00	0.00	0.02	-	0.01	0.01	-	1.36	0.01	0.00	4.12
	小電合計	0.58	3.60	0.69	1.18	1.46	5.92	0.36	17.22	6.02	0.04	52.45	3.19	2.55	67.56
（参考）	国内需要量(2010)に占める割合	0.01％	0.02％	0.67％	2.42％	0.12％	0.16％	0.11％	4.37％	0.08％	0.12％	0.68％	0.33％	0.08％	0.01％

※潜在的回収可能量を100％回収した場合

（経産省より）

第5章 都市鉱山ってなに？ リサイクルできるの？

42 廃家電製品はどうやって集めるの？

法律の施行と3R概念の確立

高度経済成長期に、大量の廃棄物が排出され不適切な処理による環境汚染が続出し、1971年に「廃棄物処理法」が施行されました。その後、法律に基づくリサイクルの取り組みの促進として「再生資源利用促進法」が1991年に施行されました。2001年には「循環型社会形成促進基本法」が施行され、第一にリデュース、第二にリユース、第三にリサイクルの3Rの概念が確立され、第四に熱回収、最後に適正処分という基本的な優先順位になりました。個別物品の特性に応じたリサイクルとして2001年4月に家電リサイクル法（エアコン、テレビ、冷蔵庫・冷凍庫、洗濯機・衣類乾燥機の4品目）が施行されました。他に、容器包装、建設、食品、自動車リサイクル法が施行されています。また、2003年10月に「資源有効利用促進法」の改正に伴い家庭から排出される使用済みのパソコン（モニター）の回収・再資源化が行われています。廃家電、パソコンを収集し、リサイク

ルするためには費用がかかるので、家電製品の家電小売店に収集・運搬の義務を、家電メーカー等にリサイクルの義務を課し、家電製品を使った消費者（排出者）がそのための費用を負担するという役割分担により、循環型社会を形成していくこととなっています。

しかし、すべての家電がこのように集められているわけではありません。市中で個別に収集している業者がおり、集めた家電を海外に輸出し、有用物を取った残りは環境問題を引き起こしています。また、2012年には使用済み小型家電機器のリサイクルのための「小型電気電子機器リサイクル制度」が環境省の中央環境審議会廃棄物・リサイクル部会で提案されています。

Nd、Dyなどのレアアースはレアアース磁石に使用されており、例えば家電製品ではモータ中のロータの中や家庭用エアコンのコンプレッサのモータ、洗濯機、乾燥器のモータ、パソコン、小型電気電子機器中のモータにレアアース磁石が使用されています。

要点BOX
●1971年に「廃棄物処理法」が施行され、その後、法律に基づくリサイクルの取り組みの促進として「再生資源利用促進法」が1991年に施行

循環型社会の形成の推進のための法体系

```
           環境基本法  H6.8完全施行   環境基本計画
                  ↓
      循環型社会形成推進基本法（基本的枠組み法）
           循環型社会形成推進基本計画 ： 国の他の計画の基本
```

＜廃棄物の適正処理＞　　　　　　　　　　　　　　　＜リサイクルの推進＞

H16.12 一部改正　**廃棄物処理法**　──一般的な仕組みの確立──　**資源有効利用促進法**　H13.4 改正法施行

個別物品の特性に応じた規制

	容器包装リサイクル法	家電リサイクル法	建設リサイクル法	食品リサイクル法	自動車リサイクル法
一部施行 H9.4 完全施行 H12.4 改正 H18.6	施行	施行 H13.4	施行 H14.5	施行 H13.5	施行 H17.1
	●容器包装の市町村による収集 ●容器包装の製造・利用業者による再商品化	●廃家電を小売店が消費者より引取 ●製造業者等による再商品化等	●工事の受注者が 建築物の分別解体 建設廃材等の再資源化	●食品の製造・加工・販売業者が食品廃棄物の再資源化	●製造業者等によるシュレッダーダスト等の引取・再資源化 ●関連業者等による使用済自動車の引取・引渡

グリーン購入法　●国等が率先して再生品などの調達を推進　施行 H13.4

小型電気電子機器リサイクル制度　H24 検討

モータから取り出したロータ（エアコンのコンプレッサ）

●家庭用エアコンの空内機と室外機のコンプレッサのモータのロータ部や洗濯機、乾燥器のモータのロータ部にレアアース磁石が使われている。

レアアース磁石が入っている

取り出したレアアース磁石

●家電製品、パソコン、小型電気電子機器等のモータに使用されているレアアース磁石（レアアース磁石にはネオジム（Nd）,ジスプロシウム（Dy）などが使用されている）

第5章 都市鉱山ってなに？ リサイクルできるの？

43 レアアースの代替えの研究は？

不安定な供給対策

レアアースが主に中国で生産され、その供給に不安のあることから、レアアース元素を供給不安のない一般的な元素で代替しようという試みが、経済産業省や文科省の働きかけの下、国内の大学や研究所で研究されています。しかしこれには大きな問題があります。レアアースが各種の材料において有益な機能を発揮できるのは、レアアースが元来もっている基本的な物理特性、具体的にはレアアースの電子配列が他の一般的な原子の電子配列と異なるがために生じているからです。左図に各種レアアース元素の電子配列の様子を載せましたが、ランタン（La）から始まってルテチウム（Lu）にいたるまでの各元素において、5sより内殻にある4f軌道に空席が存在し、原子番号の増大に伴ってこの不完全4f軌道に電子が充填されて行く構造となっています。4f以外の構造は、すなわち1sから4d及び5s、5pの電子軌道は、キセノン（Xe）と同じ完全殻となっています。通常の元素では内殻の電子軌道に空席はなく、電子は原子番号の増大に従って最外殻の軌道に配置されて行きます。レアアース元素ではその順番がずれてしまっているのでレアアース元素がもっているこのような特殊な電子構造が原因となって、レアアース元素を利用した各種材料の特徴的な機能が発揮されるのです。

例えばレアアース磁石材料においては、不完全に充填された4f電子雲の形が扁平になっていることが原因で、優れた磁石材料が生まれます。蛍光体材料では、外郭にある電子が内殻の不完全4f軌道に落ちるときに発生するエネルギーが可視光の波長の光を発生するのにちょうど良いために、望む波長の光が得られます。このようにレアアースを利用する材料においては、その特殊な原子構造に由来する物理的性質を利用するものであって、それを原子構造の異なる他の一般的な元素で代替しようとするのは、基本的に難しいことと考えられます。

要点BOX
●各種のレアアースを、原子構造の異なる他の一般的元素で代替しようとするのは、基本的に難しい

レアアース原子の電子配列

軌道	1s-4d	4f	5s	5p	5d	6s	原子価
Cs						1	
Ba						2	
La					1	2	+3
Ce		1			1	2	+3,+4
Pr		3				2	+3,+4
Nd		4				2	+3
Pm		5				2	+3
Sm		6				2	+2,+3
Eu		7				2	+2,+3
Gd	[Xe]	7	[Xe]		1	2	+3
Tb		9				2	+3,+4
Dy		10				2	+3
Ho		11				2	+3
Er		12				2	+3
Tm		13				2	+3
Yb		14				2	+2,+3
Lu		14			1	2	+3
Hf		14			2	2	
Ta		14			3	2	

La〜Lu: レアアース元素

用語解説

原子価：原子が最外殻電子を失って正イオンとなる時の価数。

44 Nd磁石のリサイクルの方法は？

いろいろな再生方法

Nd磁石の中に含まれるレアアース元素は貴重なものです。これらはできる限りリサイクルして有効に活用しなければなりません。Nd磁石をリサイクルする方法には、いろいろな手段が考えられます。その概略を、左図に示します。Nd磁石が回収される経路には①と②の2つの経路があり、一方再生の経路にはA、B、Cの3つの方法が考えられます。

回収経路の①は工程内不良や加工屑です。Nd磁石を作る工程においては、製品にならなかった不良や切ったり削ったりした加工屑が大量に発生します。各磁石メーカーはこれを極力少なくするように努力していますが、いまのところどうしても素材の30％ぐらいはスクラップになってしまいます。しかしこの工程内スクラップは①からAの経路を経て全て再利用されています。

もう一つの回収の経路②は、市場からの回収です。市場から回収された磁石の例を写真に示しますが、市場からのリサイクルはまだあまり行われていません。Nd磁石を大量に使用するようになってからそれほど時間がたっていないため、まだまだ廃棄される製品が多くないのです。現在たくさん生産されているエアコンのコンプレッサーモータやHEVのモータなどが将来市場から戻ってくることが期待されています。

再生経路のAは、リサイクル磁石をレアアース鉱石と同じと考えて処理する方法で、次項でさらに詳しく説明します。Bはリサイクル磁石を磁石合金製造の溶解工程に入れるプロセスです。比較的清浄な磁石をリサイクルする方法で、工程内の不良品やコーティングをしていない磁石などが対象になります。完全に清浄で表面処理なども付着していない磁石は、原理的にはCの経路を経て磁石製品に戻すことができます。ただ現状ではなかなか古い磁石の再利用はできませんが、今後特殊グレードを設けるなどして有効利用することが望まれます。

要点BOX
- Nd磁石が回収される経路に2つの経路があり、一方再生の経路には3つの方法が考えられる

Nd磁石の再生方法

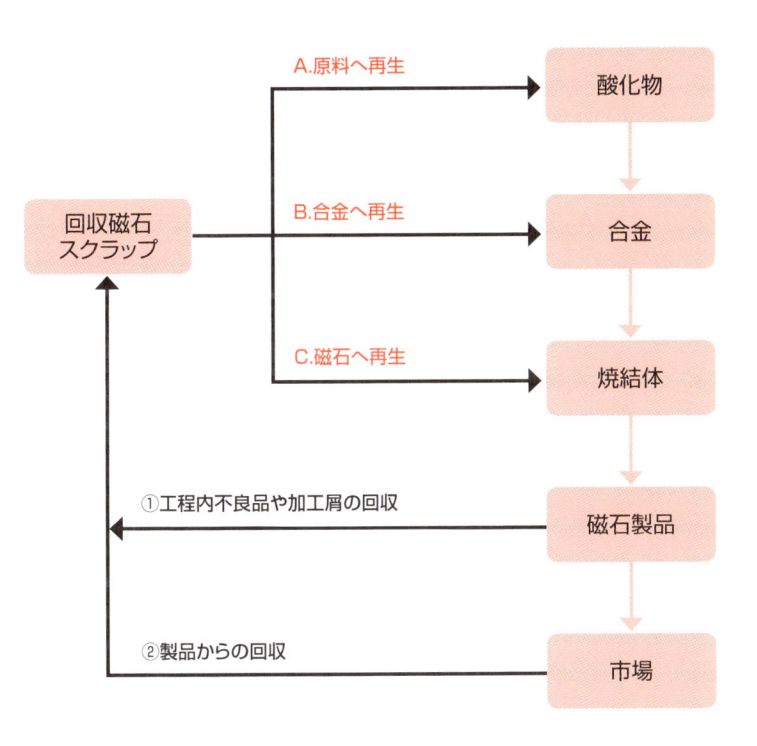

```
                        A.原料へ再生
                    ┌──────────────────→ 酸化物
                    │                       ↓
  回収磁石          │   B.合金へ再生
  スクラップ ───────┼──────────────────→ 合金
                    │                       ↓
                    │   C.磁石へ再生
                    └──────────────────→ 焼結体
     ↑                                      ↓
     │ ①工程内不良品や加工屑の回収       磁石製品
     ├──────────────────────────────────    ↓
     │ ②製品からの回収                    市場
     └──────────────────────────────────
```

回収したNd磁石の写真

45 レアアース元素のリサイクルはどうやるの？

最も有望なのはネオジム磁石

レアアース元素を含むいろいろな製品のリサイクルは、回収品をレアアース鉱物精鉱と考えて、精鉱からレアアース元素を取りだすのと同じ工程で処理するのが基本的な考え方です。前項の図で言うと経路Aに相当し、さらに経路Aの内容を詳細に書くと左図のようになります。リサイクルする原料は、まず邪魔になるような付属物を取り除き、出来るだけ単体とします。これを粉砕して細かくし、酸に投入して溶解させます。単に酸やアルカリに入れてもなかなか溶けないような回収品の場合は、焙焼工程と同様の処理を行い、溶け易くします。出来たレアアース酸性溶液は溶媒抽出工程に投入され、最終的にはレアアース元素の溶けている酸溶液となります。この酸溶液からレアアース元素を取り出すには、シュウ酸などを投入してレアアースシュウ酸塩を沈殿させます。例えば、レアアース塩酸溶液でのシュウ酸塩の沈殿反応は次の様になります。ここでRはレアアース元素を示しています。

$2RCl_3 + 3H_2C_2O_4 \rightarrow R_2(C_2O_4)_3 \downarrow + 6HCl$

沈殿したレアアース蓚酸塩を遠心分離機やフィルタープレスなどによって脱水した後加熱炉で焼成すると、二酸化炭素等を放出して酸化物となり、リサイクルできます。

$R_2(C_2O_4)_3 + \frac{3}{2}O_2 \rightarrow R_2O_3 + 6CO_2$

レアアースのリサイクルにおいて最も有望な対象物はNd磁石ですが、それ以外には蛍光灯に使われている蛍光体があり、レアアースを多く含みます。これらも基本的には前述した工程で回収処理できますが、蛍光灯には水銀が使われているので最初に水銀を取り除く必要があります。取り除いた水銀は再び蛍光灯に利用することができます。蛍光灯の蛍光体のリサイクルは技術的にはすでに確立されていますが、実際の事業としてはまだそれほど行われていないのが実状です。

要点BOX
● レアアース元素のリサイクルは、回収品をレアアース精鉱と考えて、精鉱からレアアース元素を取りだすのと同じ工程で処理するのが基本的な考え方

回収したNd磁石の再生プロセス

リサイクル原料
酸
アルカリ

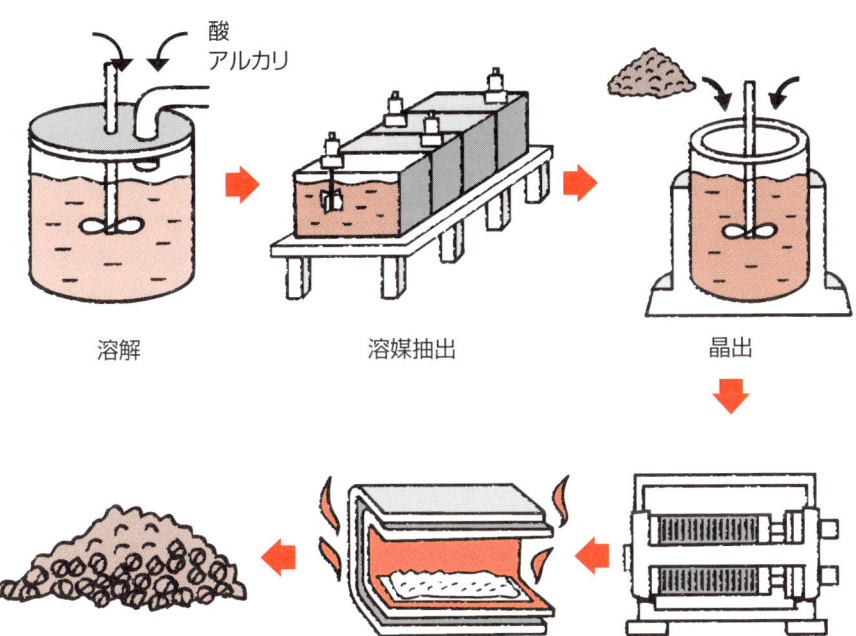

溶解 → 溶媒抽出 → 晶出 → 濾過 → 焼成 → レアアース酸化物

蛍光灯用蛍光体のレアアース元素

	組織
赤色蛍光体	(Y、Eu)$_2$3
緑色蛍光体	(La、Ce、Tb)PO$_3$
青色蛍光体	BaMgAl$_{10}$O$_{17}$:Eu
白色蛍光体	Ca$_3$(PO$_4$)・2Ca(F、Cl)$_2$:SbMn

Column

なんで廃棄物を都市鉱山というのか？

都市鉱山という言葉は、南條道夫先生が「都市鉱山開発─包括的資源観によるリサイクルシステムの位置づけ」という名前で東北大学選研彙報に1987年に提出した論文がきっかけです。都市鉱山とは地上に蓄積可能な資源とみなし、その蓄積された場所を鉱山(Urban mine)と名付けましたと書かれています。工業製品を動脈とみなすと廃棄物の処理は静脈の関係になります。また、このころからレアメタルの安定供給が必要と唱えられていました。

まず、モノづくりには資源の供給が必要です。日本は、資源の供給を海外に頼っていますので、金属価格の高騰と供給減少は、モノづくりに大きな影響を及ぼします。金属価格が高騰しますと経済的なリサイクルは行いやすくなりますが原料としての入手が困難となります。日本は世界的にみて多くのレアメタルを消費してモノづくりをしており、例えばGa、In、Taの世界における消費割合は数十%で、日本は世界の多くのレアメタル資源を消費しているのでリサイクルする責任もあります。これら資源は高純度化された素材として製品製造に使用されます。人間が作った人工物の設計、生産にはできるだけ、リサイクルを考えた設計をすることが重要です。

現在、コピー機はかなりリサイクルを考慮して製造されていますが、他の家電製品、機械製品へは十分浸透しておらず、さらにこの設計方法を広げる必要があり、組み立て容易な設計、分解しやすい設計も考えなければなりません。人工物が生産され、生産過程で生じる材料廃棄物はかなりの割合でリサイクル(一次リサイクル)されています。また、ものによっては部品のリユースも行われています。環境省は優先順位として、

①ごみの発生を減らして資源利用を抑制するReduce、②部品をそのまま再使用するReuse、③原料として再生利用するRecycle、④プラスチックなどをエネルギー回収Reconvert to energy、⑤適正処分Reasonable managementを掲げています。

しかし、一度、消費者が使用した材料廃棄物のリサイクル率は極めて低いのが現状です。一次リサイクル(二次リサイクル)を高めるために重要なことは経済的にリサイクルする技術の革新が必要です。開発できる都市鉱山にするには、できるだけ同一の廃棄物を多量に集めることが必要です。

第6章
レアアースのマーケットと世界のトレーディングの実態

第6章 レアアースのマーケットと世界のトレーディングの実態

46 レアアースのマーケットの歴史

意外に知られていない
レアアースの希土哀楽史

レアアースは太平洋戦争以前から軍事用に硝酸レアアース（焼夷弾用）が利用されていました。また民生用ではライター石やミッシュメタル等のレアアース金属が市場の中心でした。その後、分離技術が確立され、研磨剤や自動車触媒など化合物がネオジムの電解法の生産によりレアアース磁石の分野が大市場を形成するようになりました。レアアースが本格的に注目され始めたのはカラーテレビ用の赤色蛍光体（キドカラー）やソニーのウォークマンを小型化する為のレアアース磁石でした。しかし、当時はまだNd-Fe-Bの実用化がされていないためにSm-Co磁石が中心でした。

海外では米国、ロシア、フランスにおけるレアアース生産が中心でしたが1960年代以降には電子産業が興ったので民生用途が中心になってきました。その頃、旧ソ連の援助で、中国のバイユンオボ鉱床に大量のレアアース資源が見つかりました。その後、1970年代には江西省のイオン吸着鉱鉱床も発見さ

れ徐々に中国レアアースの市場が世界にも知られるようになりました。1980年代に入ると中国からのレアアースの対外輸出が本格化し90年代にはそれまでの主流であったフランスや米国のレアアース生産は競争力を失くしほとんどが中国のレアアースにとって代わり、とうとう世界の97％のシェアを持つまでになりました。一方、光学ガラス用途や研磨剤用途、民生用の市場はハイテク分野でも磁力を保つレアアース磁石が市場に出てからは飛躍的なスピードで市場は広がりました。ハードディスクドライブに使われる高温でも磁力を保つレアアース磁石が市場に出てからは飛躍的なスピードで市場は広がりました。21世紀に入りハイブリッドカーに使用される小型モータや水素吸蔵合金への利用は更に市場にインパクトを与え、レアアースなしではデジタル産業は成立しえないほどの存在感を持つようになりました。2010年代になるとレアアースの重要性は益々確固たるものになりましたが同時に中国がレアアース市場を混乱させています。

要点BOX
●軍需用でしかなかったレアアースの需要を掘り起こしたのは実は日本の民生用途への開発だった

レアアースの歴史

1787年	カール・アーレニウス(スウェーデン)がレアアース鉱石を発見。
1794年	ヨハン・ガドリン(フィンランド)が新元素をイットリウムと命名。
1890年	フォンウェル・バッハ(オーストリア)がトリウムとセリウムをガス灯に混合使用。
1905年	ルテチウムを最後に全てのレアアース元素が発見。
1940年代	戦時中に焼夷弾として硝酸レアアースが実用化。
1950年代	ライター石にミッシュメタルが実用化。
1960年代	FCC触媒の開発　光学ガラス
1960年	カラーTV放送開始　ガラス研磨剤に実用化
1964年	カラーTV用赤色蛍光体($YVO_4:Eu^{3+}$)が開発
1966年	SmCo1-5系磁石の発明(米)
1968年	日立キドカラーの発売
1970年代	水素吸蔵合金の開発(ヒートポンプ、センサ)　EL素子の発明　YAGの発明
	焼結助剤　自動車排ガス触媒　セラミックコンデンサの実用化
1976年	SmCo2-17系磁石(俵博士　金子博士らにより実用化)
1979年	SmCo磁石を使ったソニーのウォークマンが新発売
1980年代	燃料電池　磁気冷凍　磁歪材料　光磁気ディスク　電子放射材料
1982年	NdFeB磁石が佐川博士　浜野博士らにより発明
1986年	高温超電導材料の発見
1989年	日本のブラウン管製造シェア(蛍光体)が世界の3分の1に。
1990年代	医学分野のMRIへの応用

詳しくは巻末153ページの年表も参照してね!

第6章　レアアースのマーケットと世界のトレーディングの実態

47 レアアースの供給と需要量には差がある

増大する需要に資源開発は対応可能か？

レアアース市場をみると2010年度の世界総需要12・5万トンが2015年には16・3万トン（AMJ予測）まで伸びると予測しています。5年間で30％の伸び率はむしろ控えめかも知れませんがレアアース磁石や電池の分野の需要の伸びが今後とも一層、増大する傾向にあります。一方供給を見ると世界の9割以上を供給してきた中国の安定供給が環境問題などの影響から期待できない状況となってきました。増大する需要と中国からの供給を調整する為には新規鉱山からの増産とリサイクルや代替材料の開発を同時に行う必要があります。

レアアース磁石の市場予測ではハイブリッドカー（HEV）や電気自動車（EV）、デジタル家電やクーラーなども世界的な需要の爆発が予想されます。特にハイブリッドカーと電気自動車、プラグインハイブリッドカー（PHEV）の市場の伸びは2010年の104・2万台から2015年には512万台に、更に202

0年には1866万台と予測されています。また環境経済と新エネルギーの分野でも風力発電や地熱発電には大量のレアアース磁石の供給が必要です。蛍光体、触媒分野、セラミックコンデンサ、研磨剤や光学分野、MRIにおけるレアアース需要も70億人の世界市場の安定的な成長が予測されます。

一方、資源量として、可採年数は約750年あり、仮に採掘量が将来倍になったとしても供給不足にな事はありません。中国が資源供給を止めても、米国の1300万トン、ロシア圏の1900万トン、オーストラリアやカナダ、インド、アセアン、アフリカにも充分な資源が眠っています。一時期、供給不安が起こりましたが、実は長期的に見るとレアアース資源の枯渇問題は全く心配する必要はありません。2011年になってから世界各国がレアアースの資源開発、代替材料の開発やリサイクルをはじめており、供給への心配は少なくなっています。

要点BOX
●資源量を見ると豊富なレアアース資源も急激な環境経済と新エネルギー需要の開発スピードに追い付かない

レアアース資源の需給と資源不足回避

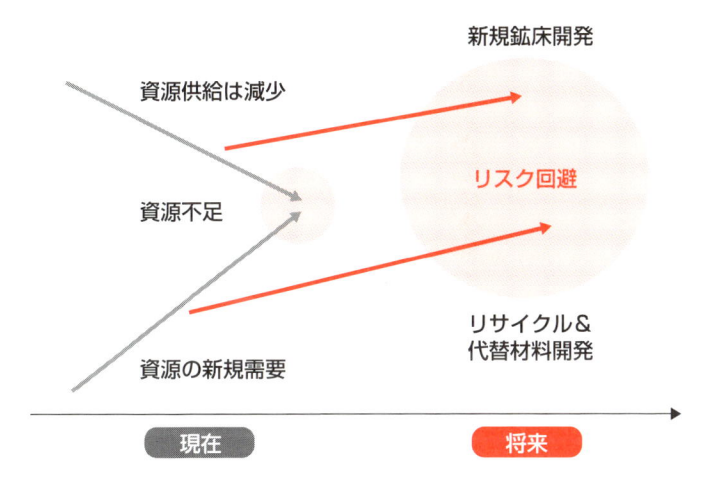

- 資源供給は減少
- 資源不足
- 資源の新規需要

→ 新規鉱床開発
→ リサイクル＆代替材料開発

リスク回避

現在 → 将来

HEV、PHEV、EVの将来予測

HEV	2010年：103万台	→15年予測：451万台	→20年予測：1,476万台
EV	2010年：0.7万台	→15年予測：37万台	→20年予測：175万台
PHEV	2010年：0.5万台	→15年予測：24万台	→20年予測：215万台
合計	104.2万台	⇒ 512万台	⇒ 1,866万台

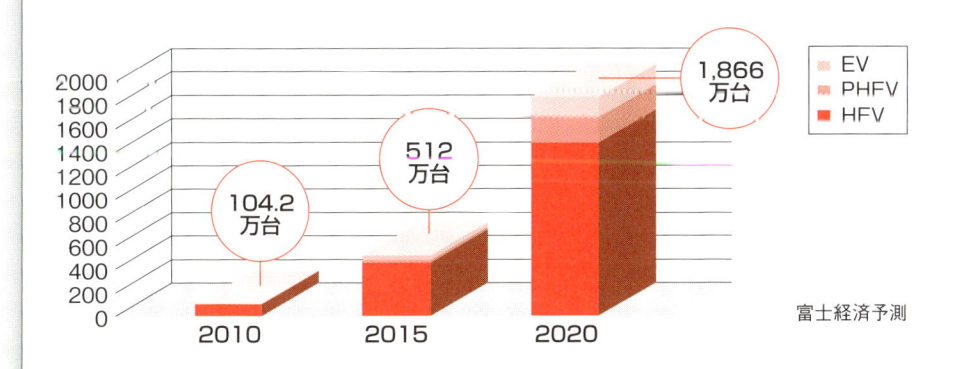

- 2010: 104.2万台
- 2015: 512万台
- 2020: 1,866万台

凡例: EV、PHFV、HFV

富士経済予測

第6章　レアアースのマーケットと世界のトレーディングの実態

48 レアアースのお値段と最近の異常な値上がり

なぜレアアース市況は異常な乱高下をするのか

2010年の7月7日の中国商務省の発表で輸出量の上限を5万トンから3万トンにした結果、レアース相場が上昇し始めました。実は2010年の3月に温家宝首相は商務省幹部を集めてレアアース輸出の囲い込みを指示したとの噂もありました。レアアースの輸出枠を一気に4割も削減したのですから市況が2倍に急騰するのも当然です。日本政府は問題を深刻に受け止めましたが、9月9日に尖閣諸島で中国船員を拿捕、中国政府は9月23日にレアアース輸出を凍結しました。レアアースの市況は更に上昇し3倍から4倍と異常な値上がりとなりました。

2011年に入ってからも中重レアアースばかりでなく軽レアアースのランタンやセリウムも影響を受け10倍以上に急上昇しました。翌年の輸出枠は前年比(前半の)35％の削減を決定し、商務省当局は輸出最低価格を設定した結果、市況は更に上昇を続けました。2010年7月のWTOのレアメタル9鉱種の裁

定結果がクロとなったのを受けて、レアアースの後半の輸出枠を前年並みの3万トンレベルに調整した結果、秋口になるとレアアース市況は暴落してゆきました。

このように不自然な取引が行われました。中国政府はあくまでも環境問題の為にレアアースの生産を調整し輸出数量を削減したと発表しましたが、実際には政治問題の外交カードにすり替えて、輸出禁止をしたと言った見方が大勢を占めました。2012年のWTOでも正式に違反であると裁定されました。

レアアースの生産が中国に遍在しすぎている為に「売り手市場」が続いた結果ですが、米国のモリコープやオーストラリアのライナス社が生産を発表したので中国以外のレアアース資源の開発も増加傾向になりました。一方、日本市場でもレアアースの代替材料の開発や使用量を削減する企業が出てきたので2012年には市況も沈静化に向かっているようです。

要点BOX
●実需の需給バランスだけでは乱高下は起こらないが貿易政策の行き過ぎから投機が起こったのが原因だ

2010年と2011年の比較

	2011年 数量(MT)	2010年 数量(MT)	2011年 中国(MT)	2010年 中国(MT)	2011年 金額(億円)	2010年 金額(億円)	2011年 中国(億円)	2010年 中国(億円)
Y_2O_3	1,767	1,664	1,689	1,566	184	52	178	49
CeO_2	1,672	5,272	1,064	4,646	970	89	713	79
Ce塩類	8,335	8,620	4,209	5,183	337	112	234	92
La_2O_3	2,453	3,600	2,026	3,556	181	81	151	78
RE金属	5,210	5,487	3,979	4,927	569	149	455	131
RE化合物	3,053	3,920	2,410	3,433	648	181	536	117
合計	22,490	28,563	15,377	23,311	2,889	664	2,267	546

前年比21%減　　前年比34%減　　　　前年比4.35倍　　前年比4.2倍
　　　　　　　中国比率68%、81%　　　　　　　　　中国比率92%、82%

出典：2011財務省輸入通関統計

レアアースのチャート

● La Oxide 99%min FOB-China
● Ce Oxide 99%min FOB-China

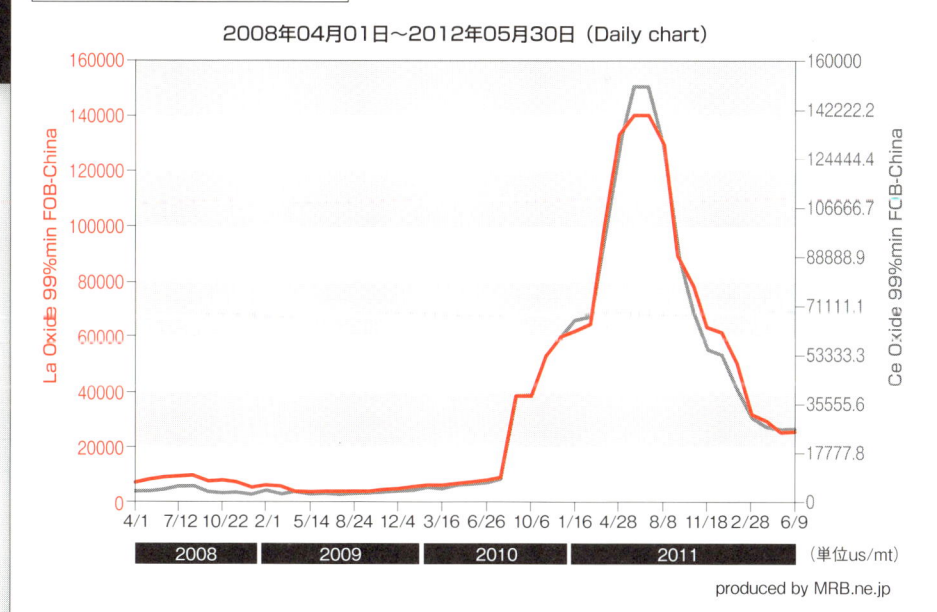

2008年04月01日～2012年05月30日（Daily chart）

（単位us/mt）

produced by MRB.ne.jp

出典：メタルリサーチビューロー社のサイト

49 レアアースの日本への輸入の実態

国家備蓄、日本政府の対応は？

レアアースの輸入を正確に捉えるには通関統計を分析するのが一番でしょう。その分類はイットリウム、セリウム塩類、酸化セリウム、酸化ランタン、レアース金属、その他レアアース塩類に大分類されています（表では発火石、混合合金は除外）。技術革新と共にレアアースの新規用途が増加したので実際の輸入実態は多様化が進んでいます。2001年から2006年までの増加は正常な市場の拡大が反映されていますが、2007年以降は中国の資源制約と価格高騰による使用量の削減や低付加価値材料の空洞化が顕著に表れています。2012年までの輸入量の減衰は金融ショックを挟んで一貫して減少傾向となっている一方、2010年以降の輸入金額は相場の値上がりと高付加価値素材の増加の為に上昇傾向が続いています。レアアースの中国品の輸入シェアも2007年をピークに2012年まで一貫して低下傾向にあります。中国の輸出政策の変化から安定供給が期待できない

ので輸入基地の多様化が進んでいる傾向にあります。

日本の政府は中国からの輸入が実質的に禁止されたのを深刻に受け止め2011年9月に日中ハイレベル経済対話をしましたが、協議は決裂しました。

一方、国内の対応策ではレアアース産業の安全保障対策の為に特別会計案として総計1000億円の緊急予算を決定しました。少し騒ぎ過ぎの様な印象もありますが産業立国としてレアアース原料の供給停止はハイテク産業に打撃を与えるというギリギリの産業政策であったという見方もできます。

日本政府はこれまでもレアメタル7鉱種の国家備蓄をしてきましたがレアアースについては備蓄をするという発想はありませんでした。今後は中国だけに依存せずバランスの良い資源の入手ソースを獲得する必要があります。

要点BOX
●中国の輸出制約懸念から代替材料開発や資源確保の多様化が進んできた

2000年から2011年までの輸入通関統計

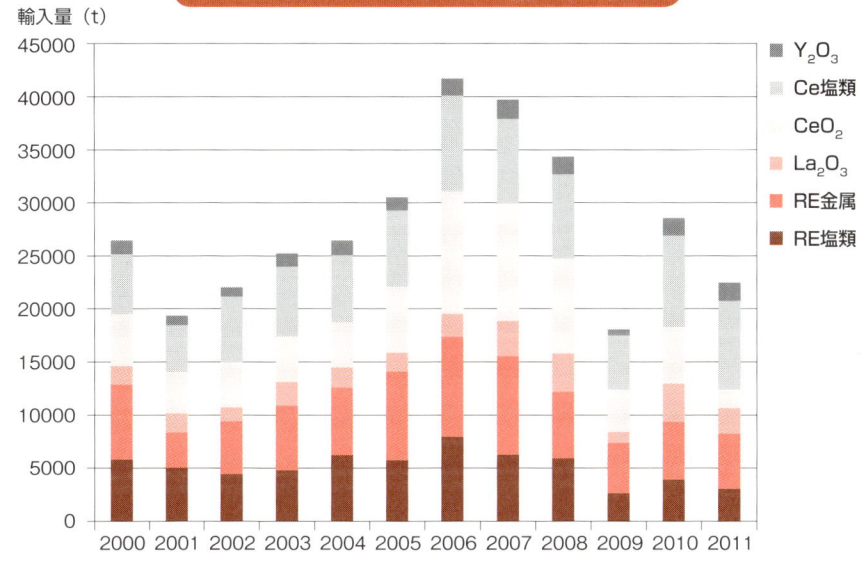

凡例: Y_2O_3 / Ce塩類 / CeO_2 / La_2O_3 / RE金属 / RE塩類

	2004	2005	2006	2007	2008	2009	2010	2011
輸入量Mt	26,460	30,515	41,407	39,724	34,330	18,263	28,564	22,490
中国比率	90%	86%	90%	90%	77%	85%	82%	68%

財務省統計より AMJ 作成

レアアース産業の安全保障対策の特別会計案は総計1000億円に

経済産業省非鉄課の臨時予算案	540億円
①代替技術の開発や使用量の低減技術開発	120億円
②リサイクル推進	30億円
③レアアース利用産業（磁石など）の設備投資の補助金	390億円
資源エネ庁（鉱物資源課）の臨時予算案	460億円
（鉱物資源の開発や権益確保または供給ルートの確保の為）	
④鉱山の権益確保の出資金を中心	400億円
⑤採掘権入手の為に鉱山企業に対する債務保証予算	40億円
⑥資源国への協力金予算	20億円

（2010年）
経産省より聴取

50 中国は20年にわたる戦略で世界を独り占めして輸出規制

中国は長期的視野に立ち産業政策を実行

レアアース資源は、鉱石が世界各地にあるにもかかわらず、中国が97％を生産するという遍在性が問題になってきました。これは中国政府の強力な政策推進が強く反映された結果で、鉱山開発に対する外資規制や付加価値政策で川上産業を制限し、川下産業を奨励し内需優先政策を取ったためです。当然のことながら環境問題や資源枯渇への取り組みは21世紀になって取り締まり強化という形で推進されました。中国のレアアースの産業政策は20年前から一貫していて、5か年計画に方針が明記されており、レアアース政策として次の5点が強調されてきました。

① 鉱山開発生産総量をコントロールする。

② レアアース資源管理体制を改善し、生産と価格を連動させる。

③ レアアース産業の参入規準を引上げ、合弁再編で国有企業による大手希土集団をつくる。

④ Tb／Dy／Nd／Eu／Prなどの指標となるレアアース元素に対して、専売及び備蓄を実施、市場価格を安定させる。

⑤ 新材料を引き続き開発し、新分野での応用を広めていく。

2009年の金融危機は中国のレアアース工業に衝撃を与えましたが一貫してこの方針を実行し、尖閣諸島事件後、実質的禁輸に踏み切ったと言います。

中国内のレアアース関連企業のグループ化、寡占化は包鋼グループ、五鉱集団、広晟集団、江西グループ、中国アルミ集団の5大グループに集約されつつあります。

今後の需要の増加は磁石分野、ニッケル水素電池、光学レンズ、石油精製触媒、自動車排ガス触媒、液晶ガラス研磨材などですが中国の産業分野の発展をレアアース産業の発展に合わせてゆくのが中国の産業政策としている様にも見えます。資源制約は中国に限らず今後とも厳しくなることはあっても緩むという可能性は無いでしょう。

要点BOX
● 今後は世界の資源開発が進み、中国の対日輸入比率は減少傾向になる

2011年の輸入国別統計

	輸入量(MT)	(中国)(MT)	輸入金額(億円)	(中国)(億円)	適用
Y_2O_3	1,767	1,689	184	178	米・ベトナムが微増
CeO_2	1,672	1,064	970	713	米(18%)・仏(11%)が増加
Ce塩類	8,335	4,209	337	234	仏(28%)・カザフ(7.7%)・米(5.4%)に増加
La_2O_3	2,453	2,026	181	151	エストニア(11.2%)・米(2%)
RE金属	5,210	3,979	569	455	ベトナム(19%)・米(3%)に躍進
RE化合物	3,053	2,410	648	536	仏(6.1%)・カザフ(5.1%)
フェロセリ	1,541	719	354	153	韓国(38%)・米(8%)
合計	24,031	16,098	2,021	1,653	中国比率は数量で67%・総輸入金額で81.8%に減少

出典：財務省統計より

江西省のイオン吸着鉱の採掘現場

（撮影者：秋田大学　紫山　敦教授）

51 レアアースのトレーディング方法や価格の決め方は?

合理的な価格決定メカニズムが必要

一昔前のレアアースの世界市場はわずか数万トンだったので、生産者と需要者の間の相対取引で決まっていました。つまりLMEのような取引所がある訳ではなく年に数回の中国広州交易会の様な取引交渉の中で供給者と需要家が個別に決めていました。

1980年代になると世界市場が拡大してきたにもかかわらず中国市場の供給過多の為に買い手市場が続きダンピングが当たり前になっていきました。その為に鉱山や精錬工場の採算を取るためには環境問題を犠牲にして水質汚染や大気汚染が当たり前になっていました。レアアース産業の問題点はトリウムやウランの様な放射性物質を処理しなければならない事です。中国以外の国でレアアースの処理を停止したのは中国の安値売りだけが原因ではなかったのです。1990年代には世界のハイテク分野の市場が本格的に拡大したので良い品質が求められるようになり中国の工場の中でも淘汰が始まりました。

レアアースはバランス産業ですから中重レアアースが多く生産されると当然副産物のように軽レアアースの生産数量が自動的に増加します。市場の拡大に応じて自然と需要と供給のバランスが出てきました。中国から日本への輸出取引は大半が貿易商社が介在し需給バランスを調節する役割も持っていました。一方、中国の精錬分離メーカーの規模の拡大が採算性に必要であり、2000年代になるとレアアース市場の価格決定のメカニズムに商務省傘下の発展改革委員会や業界団体による意見が入ってきました。

最近では従来のLMB誌(ロンドン・メタル・ブリテン)やメタルページの様なインターネットによる金属情報の配信が増えてきました。中国でもAsian Metal誌や日本のMRB誌(メタルリサーチビューロー)などが正確な市場価格を配信しています。最近の価格交渉はこれらの情報を参考にして決定しています。

> **要点BOX**
> ●価格操作や投機が入りやすい中国主導取引からネット配信による相対取引の影響が強くなりつつある

メタルリサーチビューローのフロントページ(上)とレアアースページ(下)

メタルリサーチビューロー社サイトより抜粋

52 レアアース価格の高騰で、ハイテク産業はどうなるの？

多様化が進みさらに市場は拡大

2010年には中国のレアアースの禁輸から価格が暴騰し、日本市場も混乱しましたが、リサイクルや使用量の削減で何とか供給不安を乗り切りました。日本のハイテク産業の空洞化は回避したいのですが、ローテク分野や特許切れの技術分野は資源の安定確保を求めて海外に移転せざるを得ない状況です。

蛍光体の分野は蛍光灯、ブラウン管などの古い産業は海外移転し、LEDなどの技術革新の進んでいる開発分野は日本に残ります。磁性材料の分野もパソコンのHDD部品、携帯電話のバイブレーター、スピーカー等の部品や、自動車のパワーステアリング、ABSセンサ、触媒、モータ（ハイブリッド自動車、電気自動車）、コンプレッサー、室外機のモータ、医療機器ではMRI用途がありますが古い技術は海外に移転し技術革新の進む高収益商品は日本に残るでしょう。エネルギー分野では風力発電、燃料電池、揚水の分野はまだ空洞化しないでしょう。

ガラスや光学レンズ分野では低級品は海外生産にシフトしますが特殊な光学レンズ、着色剤、研磨剤などは研究開発を含めて日本型の産業に変化してゆくと予想されます。そして、これからさらに重要となる用途分野としては、磁性材料の活用、IT関連機器、医療関連機器、自動車、エネルギー関連分野が考えられます。特に我が国の技術優位性を生かした分野として、ハイブリッド車のモータに使われるNd-Fe-B磁石には高温域での保磁力・磁束密度を高める性質を有するジスプロシウム（Dy）、テルビウム（Tb）（いずれも中・重レアアース）が不可欠な素材になるでしょう。

世界のレアアース市場は、5年後には16万～20万トンの市場に発展する事が予想されます。そうなると中国の囲い込み政策には限界があるし、米国やオーストラリアだけではなくインドやロシアや多くの発展途上国がレアアース市場に参入してくるでしょう。

要点BOX
● 中国の資源ナショナリズムが一部の日本のレアアース産業の空洞化を招くが、新しいハイテク分野は日本に残る

2015年までの世界のレアアース市場の世界の成長予測（単位：Mt）

	2010	2011	2012	2013	2014	2015
磁石	26,000	28,000	30,000	34,000	39,000	44,000
電池	22,000	23,000	24,000	25,000	26,000	27,000
蛍光体	8,500	8,700	8,900	9,100	9,300	9,500
触媒	24,500	25,000	26,000	27,000	28,000	29,000
セラミック	7,000	7,100	7,200	7,300	7,700	7,500
研磨剤	19,000	19,300	19,600	19,900	20,200	20,500
ガラス	11,000	11,500	12,000	12,500	13,000	13,500
その他	7,000	7,400	8,300	9,200	10,100	12,000
合計	125,000	130,000	136,000	144000	153,000	163,000

出典：AMJ作成

長期的なレアアースのチャート

● Nd Metal min 99.9% FOB-China
● Dy Metal min 99% FOB-China

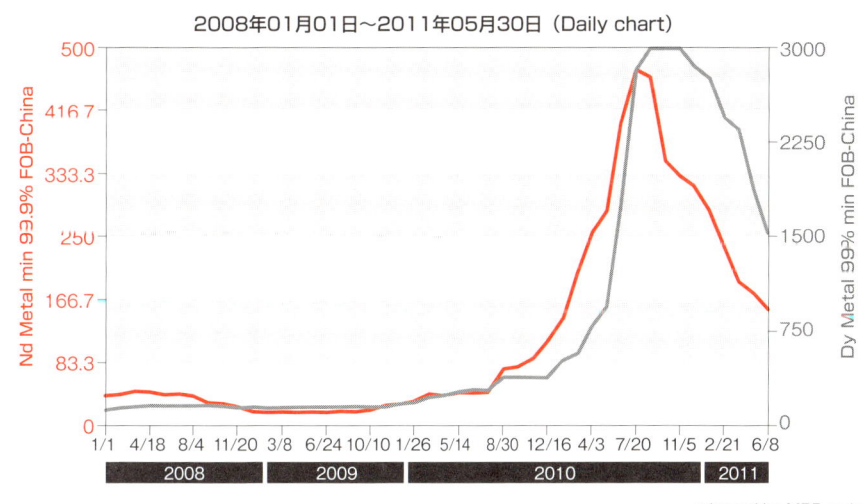

2008年01月01日～2011年05月30日（Daily chart）

released by MRB.ne.jp

出典：メタルリサーチビューロー社サイトより

Column

中国の環境問題

私が初めて中国のレアアースの工場を見学したのは最も古いレアアース工場の上海躍龍工場で分離槽はたった800段しかなかったのですが1980年の中国では最大のレアアース工場でした。しかし、躍龍工場の現場に放射線遮断のための鉛のコートを着せられて入ったまではよかったのですが、研究所で意見交換した時に出てきた数人の研究者の手が放射線で被曝していたのには驚きました。いわゆる自子のように皮膚が変色していましたが当時としてはレアアースの工場では当り前だったようでした。

それから20社以上のレアアース工場を訪問しましたが放射性物質による被害を直接に見た事はありませんがパオトウの鉱山の貯蔵池が大雨のために決壊して黄河にトリウムやウラン化合物が流出し

てしまった話を聞いたことはあります。普通は放射性物質はドラム詰めにして地下に埋めますが中国の国土は広大ですから鉱区のテーリングポンド（尾鉱貯蔵池）にそのまま保管するのが当たり前のようでした。

逆に、ロシアの塩化希土の濃縮物を中国に輸出した事が有りますが、我々の常識では塩化希土に分離すればトリウム化合物は母液に流れてしまうのでトリウムフリーの塩化希土になると思っていましたがロシアの製造プロセスはどうしても一部のトリウムの雑質が塩化希土に混入するようでした。ロシアと中国の国境である満州里では一旦、中国側が通関をしたにもかかわらず放射性物質のマークがあったので輸送の許可ができなくなりました。工場の現場は比較的管理は甘いのですが鉄路局や

税関の担当者の管理下に入ると大変厳しく移動させる事はできなくなりました。放射性物質の取り扱いルールは極端に厳しいが、現場ではある程度拡大解釈もあるようでした。

江西省のカン州はイオン吸着鉱の鉱山が沢山ありますがここでは鉱山に直接硫酸をぶっかけてリーチングするというレアアース濃縮物の選鉱から精錬という思い切った製造法を選択しています。イオン吸着鉱だからトリウムやウランは関係ないものの鉱山の後始末は一切やっていないと聞きました。我々には窺い知らぬ処理法なのかもしれませんがレアアースにまつわる選鉱や精錬は放射性物質や雑質が混入しているだけに多くの問題を抱えている様に思います。

第7章

レアアースに含まれるトリウムの溶融塩炉原発とは

第7章　レアアースに含まれるトリウムの溶融塩炉原発とは

53 溶融塩炉原発とは？トリウムはどんなメタル？

ウランの次に重い元素

普段、ほとんど耳にすることがないトリウム。しかし、これも化学でおなじみの周期律表に出てくる元素のひとつです。原子番号は90で周期律表の左下に位置します。自然界から得られる元素の中ではウランの次に重い元素です。質量数は232で半減期が140億年の放射性物質です。トリウムは1828年にスウェーデンの化学者イェンス・ベルセリウスが発見しました。彼の住む北欧の神話に出てくる雷神「トール（Thor）」にちなんでトリウム（Thorium）と名づけられました。元素記号はThです。中国語では金偏に土と書き、「トゥ」と読みます。

食塩の成分であるナトリウムや、未来のエネルギーとして研究されている核融合の燃料に使われるトリチウムと間違われますが、このトリウムもウランと並んで原子力の燃料に使うことができ、世界各地で得られます。統計によって数値は異なりますが、たとえば2010年の米国地質調査所（USGS）のデータによれ

ばオーストラリアで64万トン、インドで59万トン、米国で46万トンのトリウム金属単体の埋蔵量があります。中国のデータはありませんが、レアアースの埋蔵量とレアアース鉱石のトリウム含有率から推定すれば30万トン以上あると予想されます。

現在、トリウムの利用を目的として商業的規模で大々的に生産している国はありませんが、数少ない例外はインドです。インドでは、国内に大量に存在するトリウムを原子力の燃料に使おうとしています。他の国では、むしろレアアースを生産するときの副産物として邪魔者扱いに苦慮してきました。ところが、地球温暖化対策や「核なき世界」を求める時代となってくる中で、トリウムへの関心が高まってきています。ちなみにこのトリウム、買おうとすると大体1キログラムで1000円ぐらいです。ウランは9000円程度です。トリウムは商業的に利用されているわけではないのでトリウム市場と呼べるものはありません。

要点BOX
●トリウムは自然界から得られる放射性物質で原子力の燃料となる。モナザイトなど、レアアース鉱物などに含まれていることが多い

トリウムはどんなメタルなの？ お値段は？

モナザイト（インド・オリッサ州産）
酸化トリウムを7−8％含む。
和光物産（当時）より購入

トリウムを漢字で書くと・・・ 钍

単位　トリウムTh千t、レアアースREO千t

国名	トリウム埋蔵量			レアアース埋蔵量 Reserve
	確認A Reserve	推定B Reserve base	計A+B	
米国	160	300	460	13,000
オーストラリア	300	340	640	5,400
ブラジル	16	18	34	48
カナダ	100	100	200	
インド	290	300	590	3,100
マレーシア	4.5	4.5	9	30
ノルウェー	170	180	350	
南アフリカ	35	39	74	
CIS				19,000
中国				38,000
その他	90	100	190	22,000
合計	1,200	1,400*	2,600*	99,000

Reserve, Reserve baseの定義はUSGS（2010）参照、USGS（2010）
*USGSは万の桁を四捨五入して表示

54 トリウムの利用の歴史と原爆の材料に不合格

少量だがいろいろな所で使われてきた

トリウムはその発見以降、少量ですが様々なところで使われてきました。二酸化トリウムは、自然界で得られるすべての酸化物の中で最も高い融点（3300℃）を持ちます。このため、金属を溶かす"るつぼ"に使われていました。またマグネシウムなどとの合金は溶接に使われています。トリウムをガラスに混ぜると屈折率が高まり、薄いレンズが作れます。そのため高性能カメラなどのレンズにトリウムが添加されました。

トリウムはアルファ線を放出します。アルファ線は透過力が弱く、紙一枚や皮膚で止まります。日本各地にラドン温泉がありますが、このラドンも放射性物質です。鳥取県の三朝（みささ）温泉にはトリウム泉があります。海外では、ブラジルのカラバリがリウマチや腰痛の療養地として知られています。この海岸は黒い色をしています。この砂がトリウムを含むモナザイトでできているためです。このような海岸は、インドのケララ州などでも見られます。

トリウムが原子力燃料になることは以前から知られていましたが、原爆に使えないため、商業化されませんでした。これはトリウムがそのままでは核分裂しないためです。トリウムを原子炉で燃やすとマッチの先になるウラン233が生まれますが、これには透過力の強いガンマ線が伴います。このウラン233を取り出そうと近寄ると数時間で致死量の被ばくをします。

人工的に作り出されたマッチの先になる物にプルトニウムがあります。このプルトニウムをウランと一緒に燃やすと、最初のプルトニウムが消えてもウランからまたプルトニウムが生まれるため、核廃絶につながりません。ところがプルトニウムをトリウムと一緒に燃やすとプルトニウムを消すことができます。トリウムからはプルトニウムがほとんど生まれないためです。オバマ大統領の有名な2009年の「核なき世界」の演説がチェコのプラハで行われたのは、この町にトリウム溶融塩炉の最先端の研究拠点があるためです。

要点BOX
- トリウムは酸化物の融点が高い、ガラスの屈折率を高めるなどの特徴がある。原爆に不向きで商業化されなかったが「核なき世界」で注目

さまざまなトリウムの特徴

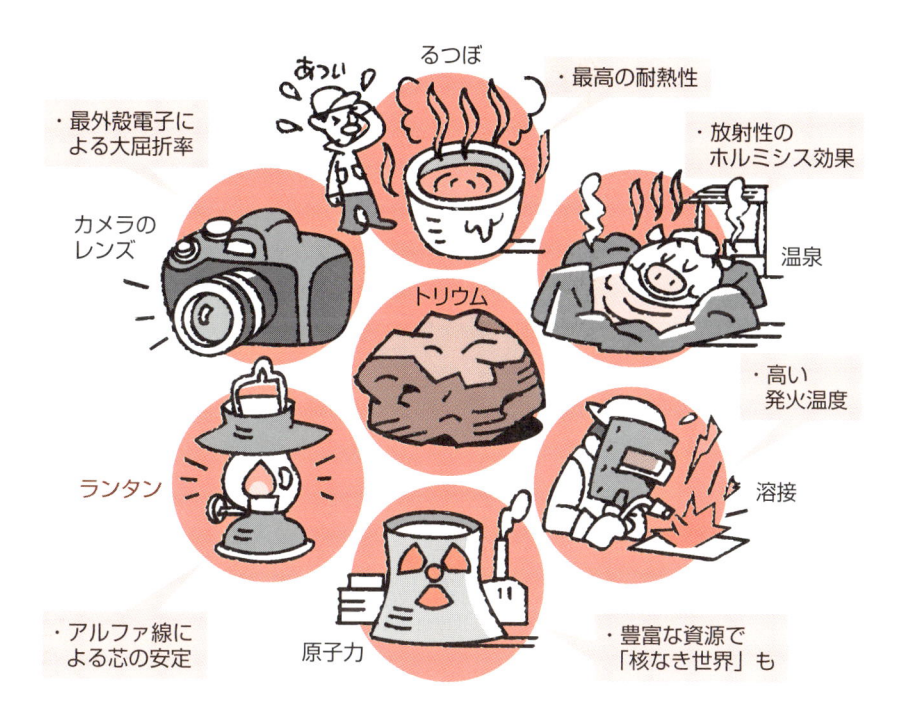

- 最外殻電子による大屈折率
- カメラのレンズ
- るつぼ
- 最高の耐熱性
- 放射性のホルミシス効果
- 温泉
- トリウム
- 高い発火温度
- 溶接
- ランタン
- アルファ線による芯の安定
- 原子力
- 豊富な資源で「核なき世界」も

「トリウムマッチ」に火をつけるには？

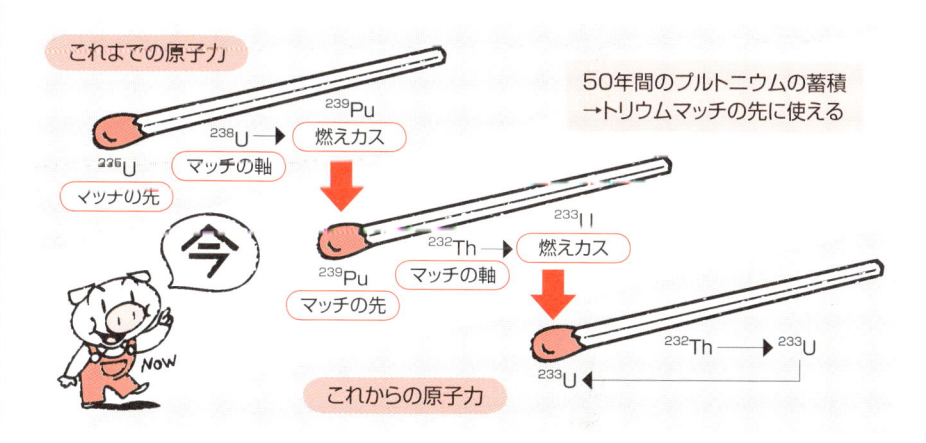

これまでの原子力

^{235}U マッチの先
^{238}U → マッチの軸
^{239}Pu 燃えカス

今 NOW

^{239}Pu マッチの先
^{232}Th → マッチの軸
^{233}U 燃えカス

50年間のプルトニウムの蓄積
→トリウムマッチの先に使える

^{233}U マッチの先
^{232}Th → ^{233}U

これからの原子力

第7章　レアアースに含まれるトリウムの溶融塩炉原発とは

55 トリウム溶融塩炉ってどんな原子力発電機？

最も効果的に活用する方法

トリウムを最も効果的に利用する方法は、溶融塩炉で原子力として使った場合です。溶融塩とは、塩化ナトリウムのような物質が高温で溶けたものです。水に砂糖が溶けるように溶融塩もいろいろな物質を溶かすことができます。この溶融塩にトリウムを溶かして液体燃料としているのがトリウム溶融塩炉です。

溶融塩はレアアースの電解（32項参照）や都市鉱山の製錬（39項参照）に使われる重要な技術です。

福島第一原子力発電所では、ウランの酸化物を固めたペレットを金属製の筒の中に詰めた燃料棒を使います。この燃料棒で発生した熱を冷却水で運び、蒸気タービンを回して発電します。溶融塩炉の場合には、溶融塩の中で核分裂反応が起こり、溶融塩そのものが高温になり、この熱を運び出して発電に使われます。

福島第一原子力発電所では、津波で非常用の冷却装置が使えなくなり、高温になった炉心で水素が発生して爆発したと考えられています。その水素は、燃料棒の被覆管に使われているジルコニウムと冷却水とが反応して発生します。溶融塩炉は燃料棒がありませんのでジルコニウム合金製の被覆管もありません。そのため事故が起こって冷却機能が失われても水素は発生しません。

燃料棒を使わないと、経済性の向上にもつながります。燃料棒の製造や交換にかかるコストは軽水炉のコストのおよそ4割で、燃料棒を使わないと、溶融塩炉のコストは軽水炉に比べて3割も削減されます。

このような溶融塩炉の構想は1950年代に米国でまとめられました。1960年代には実験炉の運転も成功、1970年代には本格的な開発に進む計画でしたが、この時期に行われたインドの原爆実験のあおりを受けて溶融塩炉の開発も中止されました。しかし2011年10月、オバマ大統領とチェコの首相がトリウム溶融塩炉の共同開発に署名をしました。

要点BOX
●トリウム溶融塩炉は液体燃料を使って発電。燃料棒がないため事故時にも水素爆発せず、経済性も向上する。技術基盤は確立している

沸騰水型軽水炉の仕組み

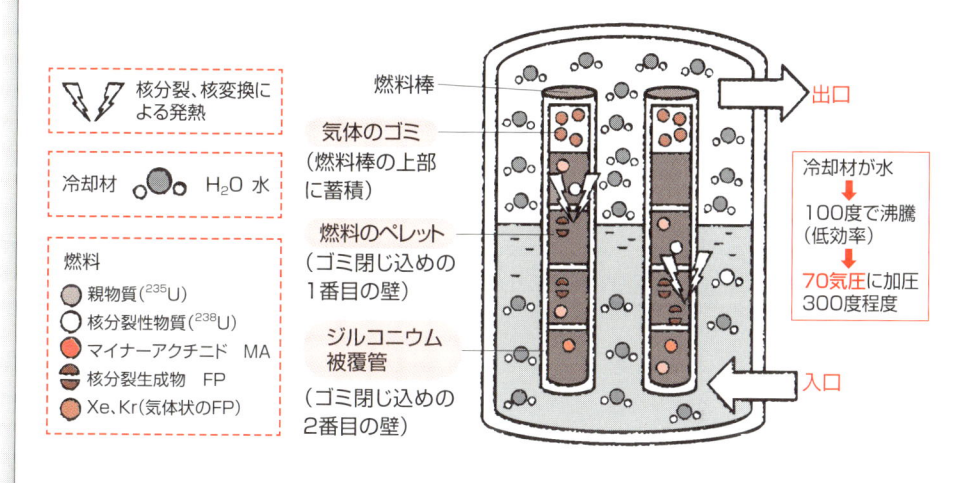

⚡ 核分裂、核変換による発熱

冷却材 ◯◯ H_2O 水

燃料
- ◯ 親物質(^{235}U)
- ◯ 核分裂性物質(^{238}U)
- ● マイナーアクチニド MA
- ◉ 核分裂生成物 FP
- ● Xe、Kr(気体状のFP)

燃料棒

気体のゴミ
（燃料棒の上部に蓄積）

燃料のペレット
（ゴミ閉じ込めの1番目の壁）

ジルコニウム被覆管
（ゴミ閉じ込めの2番目の壁）

⇒ 出口

冷却材が水
↓
100度で沸騰
（低効率）
↓
70気圧に加圧
300度程度

⇐ 入口

被覆管がないと、燃料ペレットはバラバラになる。

溶融塩炉の仕組み

気体状のゴミ(Xeなどの希ガス)は常に液体燃料から除去

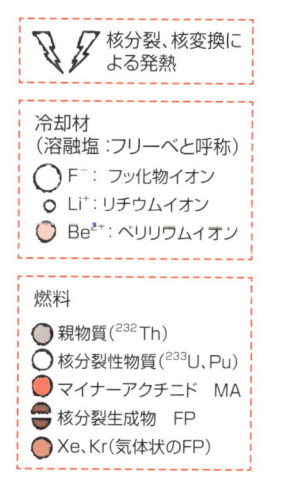

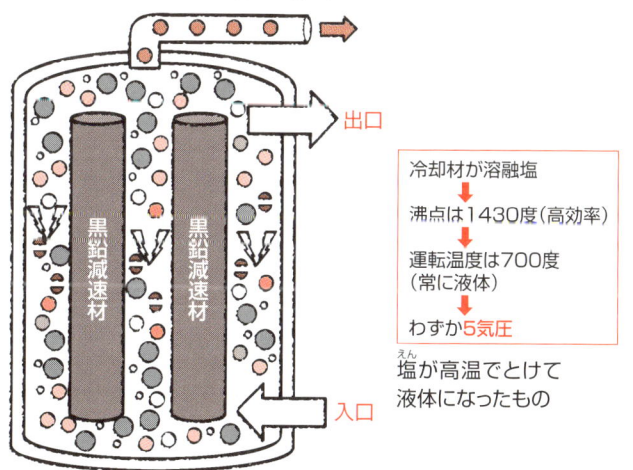

⚡ 核分裂、核変換による発熱

冷却材
（溶融塩：フリーベと呼称）
- ◯ F^-：フッ化物イオン
- ◯ Li^+：リチウムイオン
- ◯ Be^{2+}：ベリリウムイオン

燃料
- ◯ 親物質(^{232}Th)
- ◯ 核分裂性物質(^{233}U、Pu)
- ● マイナーアクチニド MA
- ◉ 核分裂生成物 FP
- ● Xe、Kr(気体状のFP)

黒鉛減速材

⇒ 出口

冷却材が溶融塩
↓
沸点は1430度（高効率）
↓
運転温度は700度
（常に液体）
↓
わずか5気圧

塩が高温でとけて液体になったもの

⇐ 入口

56 スマートグリッドにも役立つトリウム溶融塩炉

燃料棒のない原発

燃料棒を使う軽水炉では、電力需要の変化に合わせて出力を変えることができません。頻繁に燃料棒の温度変化が生じると、薄い金属でできた被覆管が破れて中の放射性物質が外に出てくる恐れがあるためです。そのため、日本では原子力発電所を一定の出力で動かしています。

溶融塩炉では燃料棒がないので、出力を変化させても破損する部品はありません。このような特徴は、スマートグリッドを構築する上でも重要な役割を果たします。スマートグリッドは、太陽光発電や風力発電のような二酸化炭素を排出しない再生可能エネルギーの導入を目指しています。これらの技術は、その出力が日射や風況など天候に依存するため、安定的な電力を得ることが難しいとされています。この課題は、需要の変動に合わせて出力を変化させることのできる技術と併設することで解決できます。たとえば水力発電や天然ガス火力発電ですが、水力発電は設置できる場所に限りがあること、

天然ガス火力発電は石炭に比べれば二酸化炭素の排出は少ないものの、約65％程度の二酸化炭素が排出するので課題が残ります。従来の原子力は発電時に二酸化炭素は出さないものの、出力を変化させることができません。需要に合わせて出力変化が可能なトリウム溶融塩炉は、再生可能エネルギーの導入を側面から支援することにもつながります。

太陽光パネルの紫外線に対する耐久性の向上や、風力発電機の磁石の製造にレアアースが使われます。レアアースの生産の際にトリウムが放射性のゴミとして発生しますが、このトリウム対策を施さなければレアアースの生産、ひいては再生可能エネルギーの拡大もできません。トリウムを適切に活用することでも、スマートグリッドを普及する助けとなります。スマートグリッドの発祥の地米国では、その中枢的な機能となる電力の需給管理を行うIT企業のグーグルがトリウム溶融塩炉の開発に参加しているのです。

要点BOX
- 出力変化をさせられること、レアアース生産時のゴミのトリウムを活用することでトリウム溶融塩炉はスマートグリッドの構築にも役立つ

スマートグリッドの"隅のかしら石"となるトリウム溶融塩炉

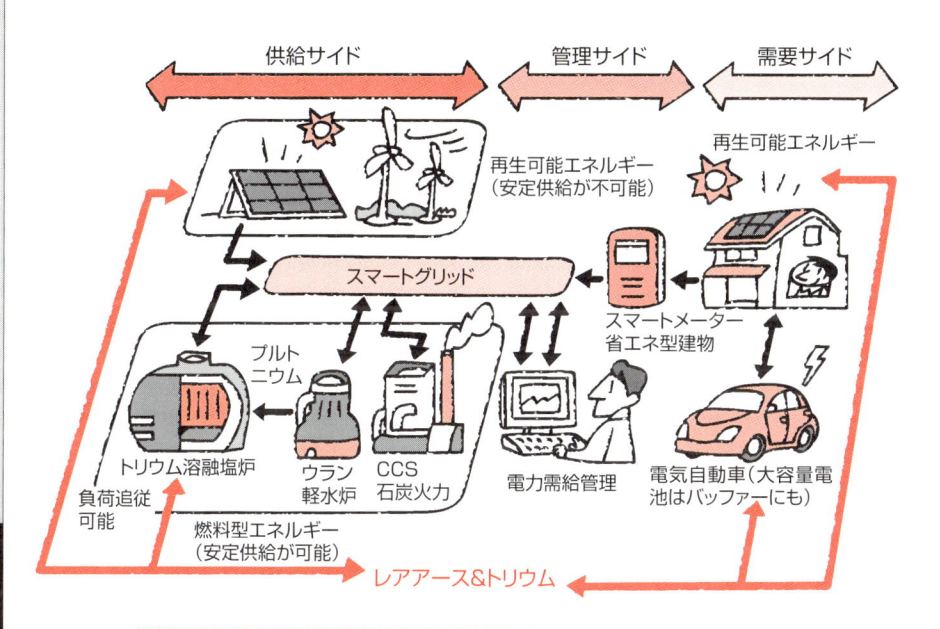

供給サイド　管理サイド　需要サイド

- 再生可能エネルギー（安定供給が不可能）
- 再生可能エネルギー
- スマートグリッド
- スマートメーター 省エネ型建物
- プルトニウム
- トリウム溶融塩炉（負荷追従可能）
- ウラン軽水炉
- CCS 石炭火力
- 燃料型エネルギー（安定供給が可能）
- 電力需給管理
- 電気自動車（大容量電池はバッファーにも）
- レアアース&トリウム

出力変動する再生可能エネルギーを支えるトリウム溶融塩炉

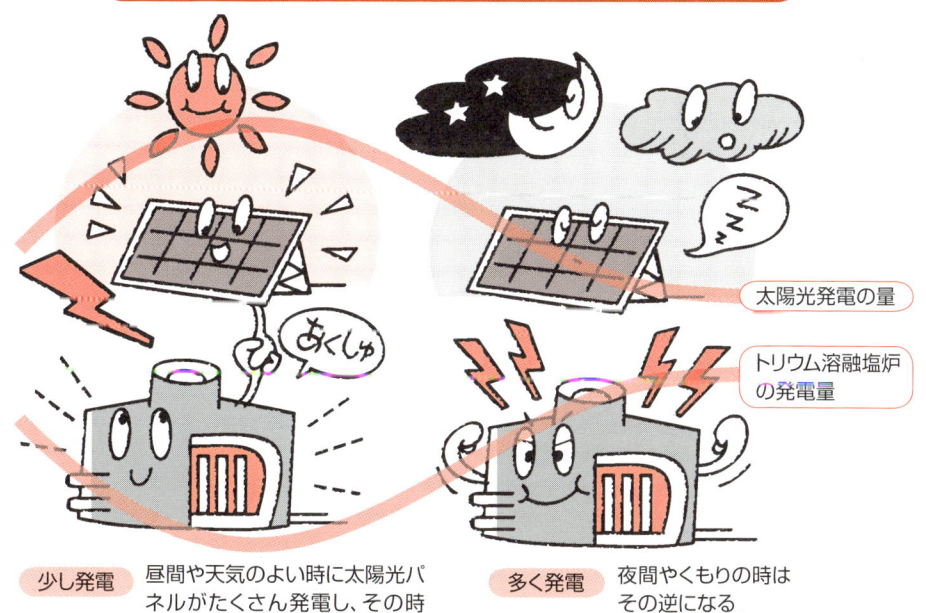

太陽光発電の量

トリウム溶融塩炉の発電量

あくしゅ

少し発電 昼間や天気のよい時に太陽光パネルがたくさん発電し、その時は、トリウム溶融塩炉が減る。

多く発電 夜間やくもりの時はその逆になる

第7章　レアアースに含まれるトリウムの溶融塩炉原発とは

57 溶融塩炉は超小型にでき津波や地震にも安全

超小型発電設備も可能

溶融塩炉の特徴は、超小型の発電設備を作ることも可能とします。今使われている軽水炉でも小型化することはできますが、多数の軽水炉に毎年、膨大な数の燃料棒を作って届けたり、交換したり、使用済みの燃料棒を保管したりするとコストが増大します。

超小型の溶融塩炉は、人口の少ない自治体や、工場などの自家発電などにも経済的に利用できるのです。

溶融塩炉も原子力ですから、地震や津波に遭遇しても、安全性が求められます。超小型の溶融塩炉が社会で広く、たくさん使われるのであればなおさらです。

福島第一原子力発電所のような事故を起こさないけは、原子炉を冷却できなくなったことでした。溶融塩炉が冷却機能を失って温度が上昇すると、原子炉の下にあるフリーズ・バルブが自動的に開きます。フリーズとは凍らせるという意味です。普段はファン

を電気で動かして配管の一部を冷やして固まらせていますが、地震で停電すればファンが止まり、原子炉の熱で溶けて開くという仕組みです。燃料は液体ですから、自動的に下部に設けられたドレイン・タンクに自動的に排出されます。ドレイン・タンクには減速材がなく、重力だけで核分裂は起こりません。超小型なので崩壊熱も少なくなり、周りの空気で冷やすことができます。電力がすべて失われても、自動的に安全な状態に落ち着く仕組みが備わっています。

軽水炉では事故などで被覆管が破れると中の放射性物質が放出されますが、溶融塩炉は容器が破損して放射性物質を含む溶融塩が漏れ出しても、凝固点が450℃なのですぐに固まります。放射性物質はこの中に閉じ込められます。溶融塩炉は爆発事故を起こすことがないだけでなく、もし容器が壊れたとしても、放射性物質が外に出ることも防ぐことができる原子炉です。

要点BOX
●トリウム溶融塩炉は電力を使わず自動的に核分裂反応が停止し、安全な状態に落ち着く。容器が壊れても放射性物質の拡散も起こらない

地震や津波でも安全なトリウム溶融塩炉

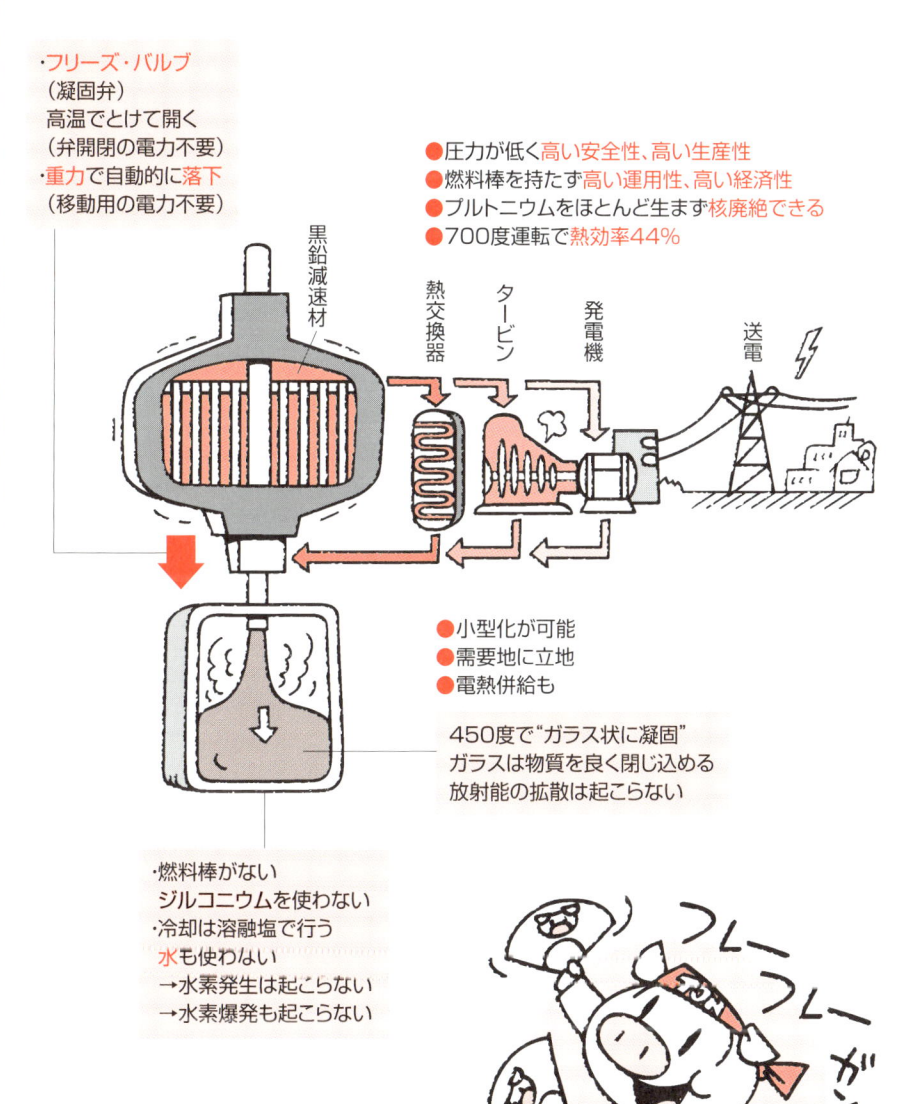

・フリーズ・バルブ
（凝固弁）
高温でとけて開く
（弁開閉の電力不要）
・重力で自動的に落下
（移動用の電力不要）

● 圧力が低く高い安全性、高い生産性
● 燃料棒を持たず高い運用性、高い経済性
● プルトニウムをほとんど生まず核廃絶できる
● 700度運転で熱効率44%

黒鉛減速材
熱交換器
タービン
発電機
送電

● 小型化が可能
● 需要地に立地
● 電熱併給も

450度で"ガラス状に凝固"
ガラスは物質を良く閉じ込める
放射能の拡散は起こらない

・燃料棒がない
　ジルコニウムを使わない
・冷却は溶融塩で行う
　水も使わない
　→水素発生は起こらない
　→水素爆発も起こらない

フレーフレーガンバレー！

第7章　レアアースに含まれるトリウムの溶融塩炉原発とは

58 トリウム発電技術の世界の動きとエネルギー源の可能性

残った課題を克服するための研究

高い安全性と経済性を持ち、負荷追従運転や、燃料交換の手間が省けるなど、多くの利点を備えたトリウム溶融塩炉ですが、最後の実験炉を動かしてから40年以上が経過しています。700℃以上の高温で、しかも核分裂反応によって生まれた様々な元素が混在する中で運転されることによる材料の耐久性の確認や、トリウムに伴って発生するガンマ線の対処、さらに熱を取り出す配管に流れていく燃料から放出される遅発中性子への対応といった、溶融塩炉だけに見られる課題も残っていて、これらの問題を克服しようと、世界各国で研究開発が進められています。

トリウム溶融塩炉の発祥の地である米国では、オークリッジ国立研究所やアイダホ国立研究所などで要素技術の研究開発が進められています。ヨーロッパでもチェコやフランスで熱心な研究が進められています。また草の根運動も盛んで、米国にはトリウム・エナジー・アライアンスというNPOがあり、トリウムの利用

の啓発を行っています。このようなNPO活動は他にも見られ、スウェーデンでは国際トリウム・エネルギー機構が、イギリスではワインバーグ財団が設立されています。イギリスの財団の名前は溶融塩炉を開発したワインバーグ博士にちなんでいます。

2011年にいち早く国を挙げての開発を決めたのは中国で、レアアース生産の副産物として発生するトリウムの処置のため、種々の原子炉でのトリウム利用を検討しています。上海の秦山原子力発電所では一部にトリウム燃料棒が使われています。これに加え、冷却水の供給・調達が困難な中国内陸部向けに小型のトリウム溶融塩炉の開発を進めています。2030年の商業化を目指し、それまでにすべての知的所有権を確保すると表明しています。

トリウムは、レアアースの安全な確保に加え、核兵器の廃絶や温暖化対策など、世界のさまざまな問題を同時に解く地政学的鍵となっているのです。

要点BOX
●地球温暖化対策や「核なき世界」への対応、環境に配慮したレアアースの生産などの視点から世界各国でトリウムに注目が集まっている

136

世界の問題を解く鍵となるトリウム溶融塩炉

- 「核なき世界」を実現。"安全"社会の構築。
  - 核兵器（プルトニウム処分）

- 使用済み核燃料有効利用。長寿命放射性廃棄物の焼却。
  - 軽水炉運用支援（放射性廃棄物）

- レアアース確保。自動車産業復活。
  - 再生可能エネ・電気自動車促進（レアアース）

- **トリウム溶融塩炉**

- 南北問題改善。技術協力＋資源確保。
  - 途上国支援（技術支援）

- 二酸化炭素排出削減。グリーン技術。トリウム汚染防止。
  - 環境保全・温暖化対策（エネルギー技術）

Column

北海道の畑作、北限をトリウム発電で農業工場に―夢への挑戦

北海道の道北地域に中川町という小さな町があります。人口は1800人足らずで、農林業が主たる産業です。冬場には氷点下20℃も珍しくないこの町で、静かに熱い取り組みが進められています。超小型のトリウム溶融塩炉のプロジェクトです。火付け人は同町出身の高見善雄さん。

「中川町は北海道の畑作の北限です。ここで農業をしようとすると冬場の寒さをいかに乗り切るかが勝負になります」。もちろん日本各地で冬場のハウス栽培がおこなわれていますが、「中川町では燃料代だけで1シーズンに100 0万円。とても成り立ちません」。

そこで原子力に目を付けました。いかに安価に暖房用の熱を得るか。日本各地の原子力発電所からは温排水が海に放出されていますが、これを陸上で使えないか？「中川

かといってすぐにトリウム溶融塩炉が実現するわけではありません。「中川町でトリウム溶融塩炉の研究をしてもいいのではないかと考えています。隣接する天塩町は、3000トン級の港が整備されています。ここにモナザイトなどを輸入してレアアースの精錬工場を作ってはどうかというアイディアもあります。トリウムを放置すれば深刻な環境汚染を引き起こしますが、未来のエネルギーとして備蓄すれば、レアアースの工場もきちんと操業できるようになります。もちろん、トリウムは言い出しっぺの中川町で保管します」。高見さんは数年前から中川町でトリウム溶融塩炉の勉強会を重ねてきました。「最初は半信半疑だった人たちも、今はワクワクしています。ぜひ、この北の大地で最初のトリウム溶融塩炉を動かしたいですね」。

町は小さい町。とても大型の軽水炉は使えません」。そうしてたどり着いたのがトリウム溶融塩炉です。「溶融塩炉の高い安全性はよくわかります。トリウムの場合には放射能のゴミも格段に少なくなることもよくわかります。しかも、中川町のような小さい町に合う大きさにもできます」。

「原子力の課題は放射性廃棄物の捨て場がないことです。トリウムのゴミなら管理の期間も短い。それなら自分たちの土地に埋めることもできるはず」。高見さんがいうのは確かな裏付けがあるからです。「中川町には活断層がありません。「原子力のいいところだけ享受して、後は他人に押し付ける。そういうことはしたくありません。きちんと後始末も自分たちで引き受けられるものを使いたいのでこの

す」。

第8章
レアアースの地政学リスクとは？

第8章　レアアースの地政学リスクとは？

59 地政学（Geopolitics）のルーツは？

歴史の流れを積み上げた積分的考察

地政学と同じような言葉に「国際政治学」という言葉があります。こちらは、第一次世界大戦の後始末として1920年に米国のウィルソン大統領の提唱した「国際連盟」に始まり、小国が大国の犠牲にならないように一民族一国家の独立を保証するために過去の軍事同盟に代わり集団防衛や経済制裁で防ごうという思想です。1945年の太平洋戦争の終結後には、「国際連合」の枠組の中で世界は大局的には平和が維持されてきました。国際政治学ではあらゆる国際関係を静態モデルの時系列的連続として捉え、その間の変化量を分析する微分的な考察です。

地政学的とは、世界193ヵ国の国家関係や紛争問題を政治、歴史、社会科学を地理学と結び付けて分析する学問です。常に対象国の戦略、国軍力、政治力、経済力、技術力などを定性的、定量的に捉え、国際関係を動態的力学の見地から解析する学問です。すなわち歴史の流れの上に積み重なった積分的考察なのです。

実は地政学の歴史は意外と古いのに驚きます。ゲオポリティーク（独：Geopolitik）という言葉の創始者は19世紀末スウェーデンの政治地理学者のルドルフ・チェレンです。英国のマッキンダーは1904年王室地理学協会で行った「歴史の地理学的な回転軸」と言う講演でユーラシア大陸の中央部を制する者が世界を制するという「ハートランド説」を提唱しました。日英同盟が結ばれた直後で、日本にも地政学がいち早く導入されました。ドイツのカール・ハウスホッファーは、ナチス時代にヒットラーの命を受け「国家は国力に相応の資源を得るための生存権（レーベンスラウム）を必要とする」という説を唱えイデオロギー的根拠を醸成するため研究所を作り「地政学雑誌」発刊しました。近代では石油危機時代に、米国国務省出身のメルヴィン・コナントが1979年に「Geopolitics of Energy」を創刊し現在まで続いています。

要点BOX
●地政学とは奥が深く、国際政治学より古い学問

ユーラシアの天然ガスパイプラインの現代の地政学

点線は計画
（2008年時点）

天然ガスフローを巡る各プレーヤーの関係

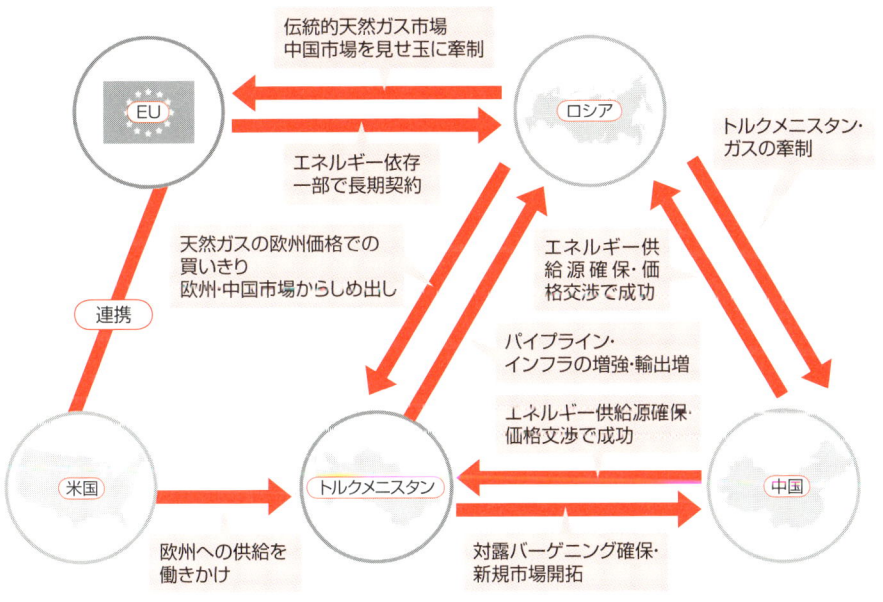

EU ― ロシア
- 伝統的天然ガス市場 中国市場を見せ玉に牽制
- エネルギー依存 一部で長期契約

ロシア → トルクメニスタン・ガスの牽制

EU → トルクメニスタン
- 天然ガスの欧州価格での買いきり
- 欧州・中国市場からしめ出し

トルクメニスタン → ロシア
- エネルギー供給源確保・価格交渉で成功
- パイプライン・インフラの増強・輸出増

中国 → トルクメニスタン
- エネルギー供給源確保・価格交渉で成功

米国 — EU：連携

米国 → トルクメニスタン：欧州への供給を働きかけ

トルクメニスタン ↔ 中国：対露バーゲニング確保・新規市場開拓

出典：JOGMEC 本村眞澄氏 博士論文より

用語解説

ハートランド説（Heart Land concept, Pivot Area）：ユーラシア大陸の海上交通から遮断された辺鄙な広大な地域。ウラル以西の東欧に当たり、石炭、石油、天然ガスや鉱物資源が豊富。レアメタルやレアアース資源の残された秘境。

第8章　レアアースの地政学リスクとは?

60 レアアースの埋蔵量と生産量の需要量の世界分布

偏在しているわけではないレアアース

「レアアースの埋蔵地帯は偏在していて、ほとんどが中国にしか存在しない」と言うイメージを持つ方が多いかもしれませんが、これは誤解です。わが国の政府筋の独立行政法人の「石油天然ガス・金属鉱物資源機構（JOGMEC）」が2011年末に発行した資料「特集◎レアアースの通説　正と誤」をみると、世界のレアアース資源の分布は左のページの世界地図に示すようにそれほど偏在していないようです。レアアースの埋蔵量や生産量は通常は酸化物量（REO：Rare Earth Oxideトン）としてその量を表示しますが、信頼される統計Mineral Commodity Summaries 2009発刊によると、その埋蔵量数値は、世界全体の埋蔵量は約8800万REOトンと推定されます。ご覧のように世界の様々な国・地域に存在し、中国のレアアース埋蔵量は全世界の30％程度なのです。

ところがレアアースの生産量（2008年）を見ると驚くことに、世界全体の生産量約12・4万REOトンの96・8％を中国がほぼ独占しています。特にレアアースの中の重レアアースの生産量に関しては完全に中国一国に握られています。その背景にあるのが中国のしたたかな資源国家戦略です。裏返せば、レアアースのお客さんであった私達資源消費国が地政学的な国家の資源戦略に欠けていたのです。

中国がレアアースの開発、生産に参入したのは第二次石油危機直後の1980年代でした。当時国内の中小石油山会社や精錬メーカーが乱立し、品質は劣るが圧倒的な安価でレアアース製品の輸出攻勢を掛けました。その結果、1995年以来中国以外の海外のレアアース鉱山や精錬メーカーが閉山に追い込まれたのです。2000年代に入ると内需優先政策を実施し、レアアースの生産、輸出を国策のもとコントロールします。さらに2004年以降の原油価格急騰のタイミングに乗り、レアアース価格の高騰のドラマを演出、中国こそ地政学をよく知っていたのです。

要点BOX
●レアアースの埋蔵地帯は世界に偏在しているわけではなく、中国鉱山の生産コストが非常に安いため、偏在する結果になった

世界のレアアースの資源の分布

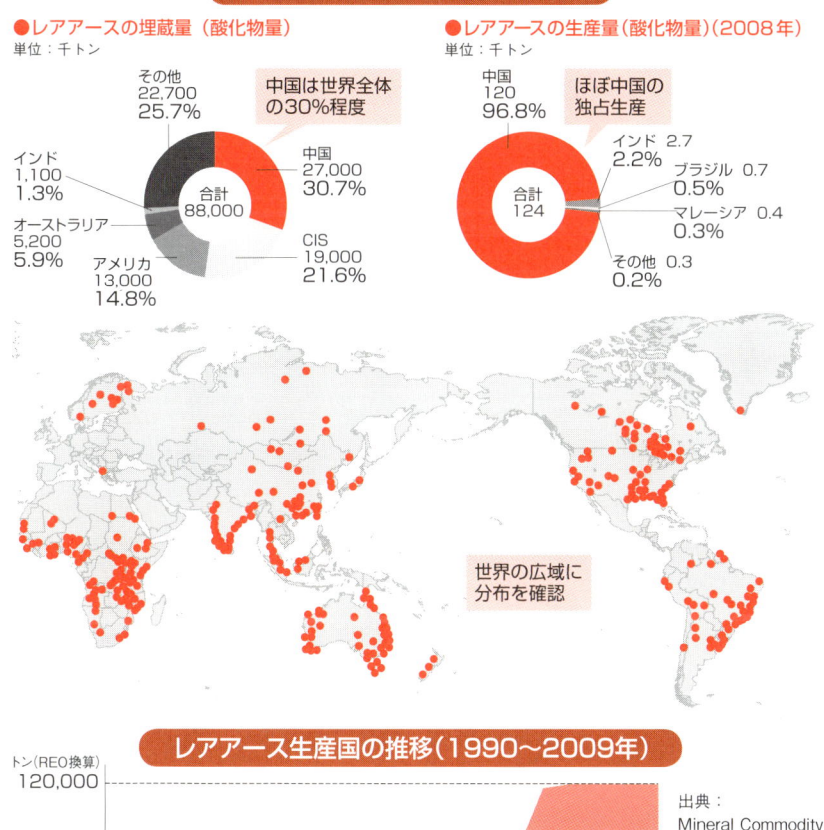

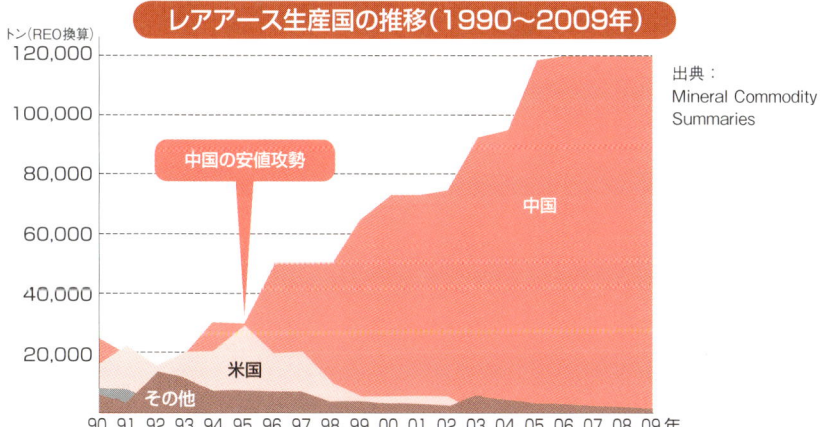

●レアアースの埋蔵量（酸化物量）
単位：千トン

- その他 22,700 25.7%
- 中国 27,000 30.7%（中国は世界全体の30%程度）
- CIS 19,000 21.6%
- アメリカ 13,000 14.8%
- オーストラリア 5,200 5.9%
- インド 1,100 1.3%
- 合計 88,000

●レアアースの生産量（酸化物量）（2008年）
単位：千トン

- 中国 120 96.8%（ほぼ中国の独占生産）
- インド 2.7 2.2%
- ブラジル 0.7 0.5%
- マレーシア 0.4 0.3%
- その他 0.3 0.2%
- 合計 124

世界の広域に分布を確認

レアアース生産国の推移（1990〜2009年）

単位：トン（REO換算）

- 中国の安値攻勢
- 中国
- 米国
- その他

出典：Mineral Commodity Summaries

用語解説

JOGMEC：政府の法律に基づき、2004年2月29日に（独）石油天然ガス・金属鉱物資源機構が設立された。資源獲得競争が激化する状況の中、2007年度には、政府の新・国家エネルギー戦略等を踏まえ、石油・天然ガス探鉱の事業への出資及び開発事業に係る債務保証の上限を引き上げ、エネルギーの安定供給に関する機能が拡大された。

第8章　レアアースの地政学リスクとは？

61 家電立国日本の存亡にかかわるレアアース問題

家電部品の製造に不可欠なレアアース問題

家電のシンボルともいえる薄型テレビのパネルシェアは韓国、次いで台湾がシェアを伸ばし、日本は15％と3位に陥落してしまいました。液晶、プラズマともに国内各地の工場が次々に閉鎖に追い込まれています。家電メーカーのテレビ事業は国内日本企業の売り上げが3兆円と巨額ですが、すでに赤字となっています。先頭を走っていたプラズマは消滅寸前です。液晶も競争激化にあり、韓国企業との差が開くばかりです。電気冷蔵庫、電気掃除機、DVD、エアコン洗濯機、照明器具、など21世紀にはいるとともに軒並みに輸出金額を輸入金額が超えています。家電が日本の経済成長を支えてきただけに、家電立国日本の存在の凋落ぶりが目立つようになりました。

レアアースの利用が不可欠な家電は、エアコン、掃除機、洗濯機、カメラ、携帯電話、パソコンなどです。とくにエアコン、掃除機、洗濯機はネオジム磁石を利用したモータが製品の心臓部となっていますので、

中国のレアアース原料輸出削減とともにその価格が高騰し、原料仕入れ価格の高騰した分は製品価格へ転嫁せざるを得ない状況です。これら製品価格が5～15％値上げされました。省エネ家電ほどレアアースが利用されているため、日本の家電はレアアースの利用によってさらに苦境に立たされるようになるのです。照明器具のLED電球発光部には、光の波長を変えるユウロピウムが使われ、デジタルカメラのレンズの中にはセリウムはガラスと化学反応を起こして「水和膜」をつくり、研磨効率を高めます。これらの製品価格もレアアース原料の価格の高騰次第では、値上げになり、家電の競争力を弱めることになります。

ジスプロシウムは2011年に30万円／キログラムと高価になりました。エアコンのネオジム磁石に含まれるジスプロシウムを回収するなど、少しでも回収してレアアース原料価格の高騰に対処しています。

要点BOX
●日本の経済を支えてきた家電は競争力が低下し、さらにレアアース原料価格の高騰が製品価格に転嫁され、新たな問題となっている

テレビ事業の売上推移

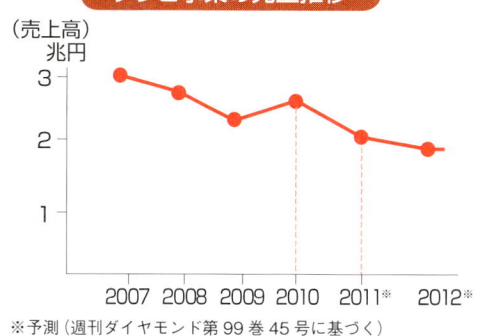

(売上高) 兆円

グラフ: 2007年約3兆円から2012年約1.9兆円へ減少
2007, 2008, 2009, 2010, 2011※, 2012※
※予測（週刊ダイヤモンド第99巻45号に基づく）

家電輸出加工型産業モデル

日本の家電の
コスト競争力
→低減

韓国、台湾の
追上
→追越

輸出額 ＜ 輸入額

ネオジム磁石のモータ
強く小さい
↓
家電
小型・軽量・高性能化

- 家電のレアアース利用の主役はネオジム磁石
- 中国のレアアース原料供給制限

● ネオジムの価格高騰
↓
製品の値上げ
↓
コスト競争力さらに低下

家電とレアアース

	使用部品	使用レアアース
テレビ	液晶	イットリウム
LED	蛍光体	イットリウム、テルビウム、ユウロピウム
エアコン	モータ	ネオジム、ジスプロシウム
掃除機	モータ	ネオジム
携帯電話	振動モータ	ネオジム
洗濯機	モータ	ネオジム
冷蔵庫	モータ	ネオジム
CDコンポ	スピーカー	ネオジム
パソコン	ハードディスク駆動	ネオジム

第8章　レアアースの地政学リスクとは？

62 レアアースの地政的リスクへの対策―米国は着々と進めている

米国の「グリーンエネルギー革命」にはレアアースが不可欠

レアアース原料の中国依存により、2010年頃に世界の市場で供給障害が生じました。中国は独占状況をつくり、供給制限をしながら原料から加工までの自国内での一貫体制を築こうとしています。中国にレアアース加工工場（磁石工場など）を移転させれば、原料供給は安定しますが、技術移転しなければならなくなります。こうした中国の一極支配構造により、供給制限、価格の高騰の影響を受け、日本などのレアアース原料輸入国は受けています。レアアース資源は各地に分布しますが、生産を中国に依存してきたのは、トリウムの含有問題や価格が安かったこと、重レアアースを世界に十分に供給できてきたため、中国一国への依存は、地政的リスクです。

米国は備蓄があり、また軽レアアースが主体ですが、近々鉱山を持っています。また閉山していましたが、近々本格的な生産を再開させます。さらに「グリーンエネルギー革命」を政策に掲げ、太陽光発電、風力発電、電気自動車の技術開発を推し進めています。いずれもレアアースを利用しますので、レアアース鉱山、分離工場、精錬工場、加工工場のそれぞれをチェーンでつなぐ「サプライチェーン」の構築、すなわち一貫体制づくりに取り組んでいます。議会、行政、民間が一体となっています。レアアースを安定的に供給できることが、「グリーンエネルギー革命」の実現に結びつきます。そのためにジスプロシウムを多く含む資源の探査も国内で進めています。

日本でも、このレアアースの中国依存リスクに対し、資源確保を官民協力して進めています。供給障害が顕在化してから本格的に始まりました。海外資源開発やウラン鉱石の残渣から資源確保やレアアース鉱山への資本参加での原料の確保です。レアアースを使用している製品のリサイクルによるレアアースの回収や高価なレアアースの使用量を減らしても機能を失わないようにする開発を促進させています。

要点BOX
●中国のレアアース供給制限という地政的リスクに対し、米国はレアアースサプライチェーンづくりに取り組み、日本も資源確保を進めている

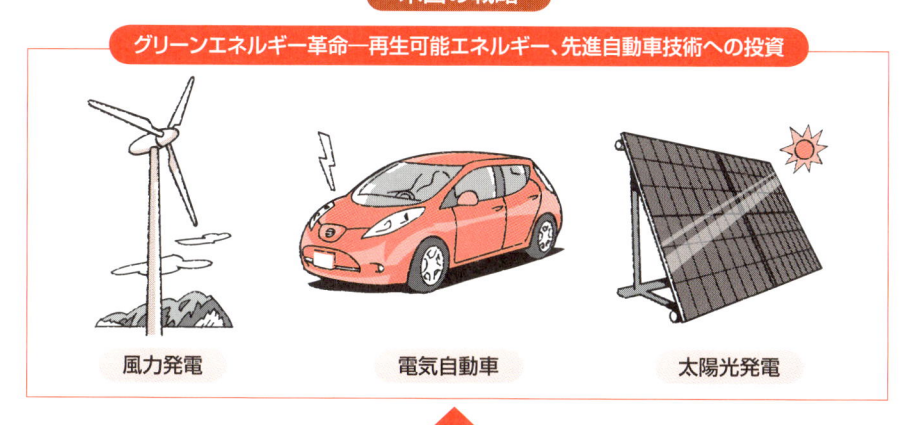

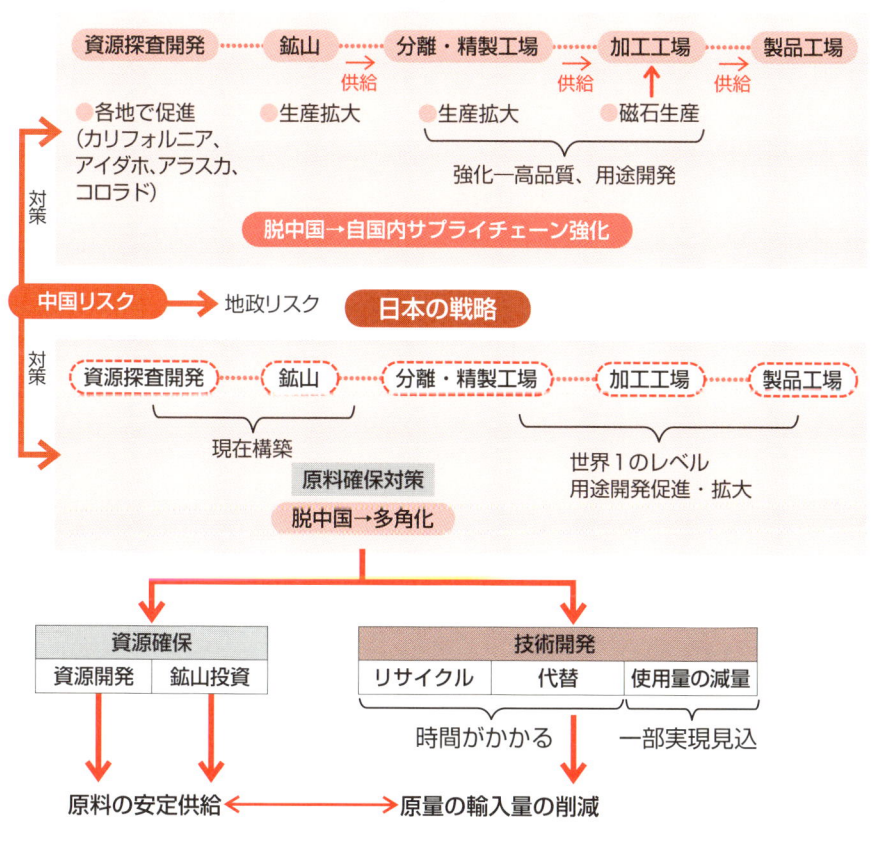

米国の戦略

グリーンエネルギー革命—再生可能エネルギー、先進自動車技術への投資

風力発電　　電気自動車　　太陽光発電

● レアアース原料の安定供給から加工技術まで一貫体制
　（サプライチェーンの強化）

資源探査開発	→	鉱山	→	分離・精製工場	→	加工工場	→	製品工場
● 各地で促進（カリフォルニア、アイダホ、アラスカ、コロラド）	供給	● 生産拡大	供給	● 生産拡大	供給	● 磁石生産	供給	

強化—高品質、用途開発

脱中国→自国内サプライチェーン強化

対策 ← 中国リスク → 地政リスク

日本の戦略

資源探査開発	鉱山	分離・精製工場	加工工場	製品工場

現在構築

世界1のレベル　用途開発促進・拡大

原料確保対策

脱中国→多角化

資源確保
資源開発	鉱山投資

技術開発
リサイクル	代替	使用量の減量

時間がかかる　　一部実現見込

原料の安定供給 ←→ 原量の輸入量の削減

第8章 レアアースの地政学リスクとは？

63 日本のニーズに合うレアアース資源と人材育成を！

重レアアース元素を多く含む資源

レアアース17元素のなかで、とくにレアアース磁石に関係するネオジムと重レアアースが日本のニーズに合います。しかし、自然界にあるレアアースが日本のニーズと現実に利用される原料にはギャップがあるため、ネオジムと重レアアース元素を多く含むレアアース鉱物が濃集した資源の確保が必要となります。また10年の単位で考えれば、用途開発により利用されるレアアース元素も変化します。

レアアース鉱物は、すでに述べたようにバストネサイト、モナザイト、ゼノタイム、イオン吸着粘土鉱物の4種類が対象となり、それぞれの濃集した資源がもちますが、日本のニーズには後の2つが経済性をもちますが、日本のニーズには後のトします。しかし、レアアースの供給を中国に依存してきたため、レアアースの資源データがあまり蓄積できていません。世界各地で行われている探査でも、企業はデータの詳細を公表していませんので、自力でふさわしい資源を選択できるようになるには、日本に

データを集めていかなければなりません。また、レアアース資源の開発には鉱物を濃集させる選鉱技術やレアアースとトリウムを分離する技術も蓄積されていないため、この技術を取得していく必要もあります。さらに鉱物によっては、採掘、選鉱、鉱物の輸送時におけるトリウムによる人体被曝対策の研究やトリウムの保管、廃さい（廃棄物）の技術の開発をしなければなりません。「資源を確保せよ！」と言っても、道のりは長く、ターゲットがきまり探査を開始しても最低10年の期間がかかります。また、我が国では資源開発をおろそかにしてきたため資源技術者の育成も必要です。

レアアース資源開発は、レアアース原料を使用する企業、製品を生産する企業が一体となって取り組み、官民協力し合う姿ができないと、簡単にはできません。日本の加工産業を維持し、発展させていくためには、原料となる資源の獲得が土台です。

要点BOX
●日本のニーズに合う資源確保には、最低でも10年かかり、トリウムとレアアースの分離などを含めて技術開発にも時間がかかる

レアアース鉱物のレアアース元素構成比

バストネサイト（米国）
重レアアースわずか
Ce, La, Nd, Sm, Pr
Gd, Tb, Eu, Ho, Lu, Yb, Tm, Y, Er, Dy

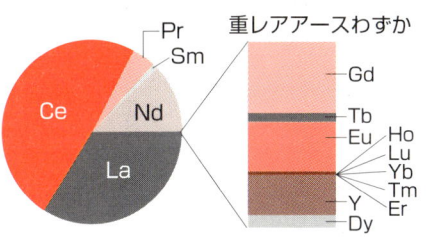

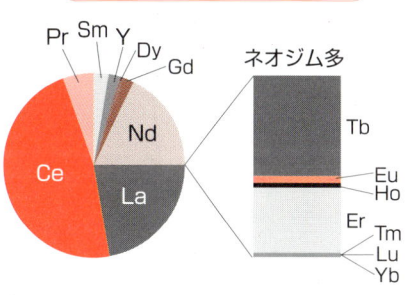

モナザイト（オーストラリア）
ネオジム多
Ce, La, Nd, Pr, Sm, Y, Dy, Gd
Tb, Eu, Ho, Er, Tm, Lu, Yb

● モナザイト＋ゼノタイム
又は
● イオン吸着鉱の両方

･･････▶ 日本のニーズに合う

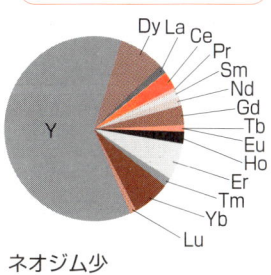

ゼノタイム（マレーシア）
Y, Dy, La, Ce, Pr, Sm, Nd, Gd, Tb, Eu, Ho, Er, Tm, Yb, Lu
ネオジム少
ジスプロシウム多

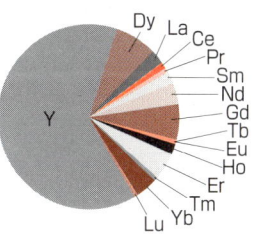

イオン吸着鉱（中国竜南）
Y, Dy, La, Ce, Pr, Sm, Nd, Gd, Tb, Eu, Ho, Er, Tm, Yb, Lu
ジスプロシウム多

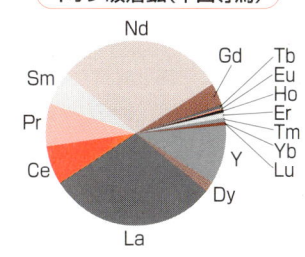

イオン吸着鉱（中国尋烏）
Nd, Sm, Pr, Ce, La, Dy, Y, Lu, Yb, Tm, Er, Ho, Eu, Tb, Gd
ネオジム多

資源開発と順序　ニーズに合う資源への開発

情報・データの収集 ➡ 資源調査 ➡ 資源評価 ➡ 鉱区の取得
➡ 探査計画 ➡ 地質調査 ➡ ボーリング ➡ 鉱量・品位の計算
➡ 採算性評価、環境影響評価 ➡ 土地の手当 ➡ 開発許可取得
➡ エンジニアリング ➡ 資材調達 ➡ 建設 ➡ 生産開始

⬇

何と！ 10年ぐらいはかかる。中国リスクを減少させるには必要！

第8章 レアアースの地政学リスクとは?

64 総合ハイテク・資源エネルギー国家戦略を!

各国とも力を入れる

2010年の中国政府によるレアアースの急激な輸出制限の強化によりわが国に必須な資源供給を依存するリスクに目覚めました。そこで2010年に資源エネルギー庁は急遽、レアアース産業の安全保障対策として総額1000億円の特別会計を組み、JOGMECが調整役となって官民協力して推進する国家支援の先鞭を付けました。また中国の規制強化で価格が高騰した結果、世界的なレアアース開発ブームが起きています。カナダ、アメリカ、オーストラリアなどでレアアースの新開発・再開発が過熱しています。わが国も経済産業省が民間の専門商社、鉱山、精錬会社の専門家を引き連れて、カザフスタン、モンゴル、ベトナム、ミャンマーなどの有望未開発資源国にミッションを送り着々と手を打っております。

日本の資源戦略の4つの柱は①**海外資源確保**：中国以外の国で探鉱権益確保と共同開発・精錬事業参加に向けた多角的な取り組み、②**都市鉱山リサイクル**：産学官連携の研究の基、使用済み廃棄物からレアアース等を回収再利用する。③**代替材料開発**：ハイテク製品で現在使用中のレアアースに替わる新材料の発見、発明研究の国家的推進、④**レアアース備蓄**：官民協調して備蓄を分担し、備蓄資源の経済的な保有・適宜売却を可能にすることです。

21世紀の日本のあるべき姿を考えると、世界の政治、経済のパワーバランスが東西の逆転現象が進み、米国の力が弱まり、逆に中国やインドの地位が高まるでしょう。その狭間の日本が生き残る道は技術的分野でしょう。すなわちレアメタルから発展する環境ビジネスが期待されます。過去に敗戦からの復興をなさしめた「もの作り技術立国日本」を思い起こし、2011年3月の東日本大震災から復旧・復興する過程において、もう一度日本の省エネ技術、エコリサイクル技術、先端技術イノベーションに集約される日本発の新技術立国に若い世代が挑戦してほしいものです。

> **要点BOX**
> ●3.11東日本大震災と原発災害から日本が得た教訓は、地政学(ジオポリティックス)に基づいた資源・エネルギー国家戦略だ

環境経済の核となる環境レアメタル

温室効果ガスの削減（環境問題）

省エネ技術

センサー技術

照明技術 LED(Ga,In)

新エネルギー

ハイブリッドカーから PHEV へ

HEMS によるエコホーム

- 軽量化(Ti、Mg)
- 小型化(希土類磁石)
- Li イオン電池(Li、Co)
- ニッケル水素電池(Ni、Nd、La)
- 新電池(開発中)

- 原子力発電(NdFeB,Ti,Zr)
- 太陽光発電(CIGS,CdTe,Si)
- 風力発電(NdFeB,Dy)
- 地熱発電(Ti、ステンレス)
- バイオマス(Ti、ステンレス)
- OTEC・GTEC(工場廃熱)
- スマートグリッド（超伝導メタル）

デジタル技術

3R 技術

- 触媒（自動車排ガス用）：Pt、Pd、Os、Rd
- 重質油のクラッキング(Mo、V、Co、Ni、W など)
- 光触媒(Ti)

そして 2015 年頃に環境バブルが起こる？

提供：AMJ(アドバンスト マテリアル ジャパン)社

Column

これから国際紛争の火種が絶えないかも!
先ず欧米は中国をWTOに訴えた

中国のレアアース輸出規制は、国際問題となっています。米、日、欧州といういわゆる先進国対中国という構図です。欧米、メキシコは中国を世界貿易機関（WTO）に訴えました。WTOの紛争処理委員会の最終報告書を支持する上級委員会の最終報告書が公表になっており、今後、レアアースの輸出規制の紛争処理手続きのお手本になっていくでしょう。

中国のレアアースの輸出規制は、環境対策や乱掘にともなう資源保護が理由となっています。トリウムを保管せず、廃さいにトリウムが入ったまま、放射能汚染をしなかったため、放射能汚染が拡がっているといわれています。また輸出を規制した後、レアアースの加工技術を持つ企業の中国への誘致をしています。しかし、2010年尖閣事件が起こり、一時的でも中国がレアアースの輸出を禁止したことは、日本への輸出を禁止したことは、政治的に利用したとも言われています。WTOによりどんな制裁が下されていくかわかりませんが、これまでのように輸出規制を続けていくことは、難しくなるかもしれません。WTOや欧米の手腕も同時に試されます。

中国はこのほか、アンチモンやタングステンなどのレアメタルも世界の中で90％を供給しています。レアアースのような輸出制限を行う可能性もあります。またレアメタルのなかで白金は、資源の偏在が高く、南アフリカ共和国が世界の大半を生産しています。さらに世界の3大国際鉱山会社（ビー・エッチ・ビリトン、リオティント、バーレ）は世界の鉄鉱石の70％を生産し、数年前に鉄鉱石の値段を高くしました。日本では、鉄鋼製品が値上がりました。このようにメタルの世界では、世界のシェアの大半を持つと価格や供給量を制限したり、政治的カードに利用されたりする可能性が高まります。国際紛争の種になりかねません。

日本も供給障害の影響を受けないよう、積極的に海外の鉱山への投資を増大させ、安定供給への対策を進めていますが、資源獲得競争が激しくなっているため、まだまだレアアースで起こったような供給問題を解決するには至っていません。

レアアースにかかわる年表

赤い文字が日本

1794	スウェーデンの Johann Gadolin によって Yttrium「希する土」が発見される
1828	トリウム発見
1893	米国でモナザイト生産
1903	Welsbach が発火石(ミッシュメタルとFe合金)発明
1934	バイユンオボ鉄鉱床中にレアアース鉱物の含有確認
1935	アメリカで鉄鋼品質改善にミッシュメタル添加
1939	Morry が酸化ランタン入りガラス発明
1946	米国で板ガラスの研磨に酸化セリウム使用 *三徳金属が溶融塩電解でミッシュメタル製造*
1949	Mt. Pass 発見、1953操業開始
1964	米国でEu添加カラーTV蛍光体発明
1966	Strnat が $SmCo_5$ の高磁気特性発見
1968	*日立キドカラー発売*
1976	*俵好夫 Sm_2Co_{17} 系磁石発明(俵 万智の父)サラダ記念日にレアアース3句*
1979	*ソニーウオークマンにSmCo磁石使用*
1982	*佐川眞人 NdFeB 系磁石発明、1985商品化*
1985	*光磁気ディスク発売開始(Tb)*
1986	GMが Magnequench 社設立、NdFeBボンド磁石生産 中国が Program863 で REs を他の金属とともに重要資源に指定
1990	ニッケル水素電池商品化(Laリッチミッシュメタル)、超伝導材にレアアース有力候補、レアアースブーム、*日本企業と豪州鉱山会社とのMt.Weld鉱床開発合弁(JV)設立*
1992	鄧小平「中東有石油 中国有希土」とレアアース戦略開始
1994	中国希土類採掘における外資とのJV禁止、日本企業 Mt.Weld から撤退
1995	中国が Magnequench 社買収
1997	Molycorp社が Mt. Pass 鉱山採掘中止、2002操業停止、Indian Rare Earth は 2004年環境問題で閉鎖
2003	中国希土類採掘総量規制(2001 中国WTO加盟)
2004	中国希土類鉱物や低付加価値製品の輸出禁止、輸出規制強化
2005	中国希土類輸出還付金制度廃止、レアアースブーム再開
2010	*尖閣諸島事件を契機に一時的に中国は日本への輸出禁止* 中国下半期の希土類EL7,976tと前年比36%削減、価格上昇
2011	ライナス 豪州Mt.Weld 鉱山生産開始、*JOGMEC、双日など資本参加*
2012	米国Molycorp Mt. Pass鉱山再開

あとがき

「のど元をすぎれば、熱さを忘れる」ように、レアアース問題もその深刻さは、2010年の尖閣事件から月日がたつにつれ、薄れてきています。中国から他国を経由して原料が入ってきているためです。しかし本質的な解決にはまだ至っておりません。

「トコトンやさしいレアアース」は、レアアースというものを資源、鉱山、製錬、加工、用途、マーケットおよびトリウムと、多面的にわかりやすく各専門家によって書かれました。メディアでは伝わらないところ、難解な専門書では一般の読者に理解しづらいところをやさしくわかりやすく、レアアースの全体像がイメージできるよう解説しました。専門の分野でしか通用しないところを一般の人に通じるように描きました。

レアアース問題は、私たちの生活に直結しています。本書で再三にわたって繰り返したように、身近なところにレアアースは利用され、便利で使いやすい製品のなかに溶け込んでいます。ほかの素材とコラボレーションしながら機能を高めているのです。なかなか使われている様子はわかりませんが、なくなって困った状態になれば、きっとレアアースの存在に気がついてくれるのでは、と思います。

レアアースがなくなれば、日本の経済の土台となっている加工産業は成り立たなくなるほど影響を受けます。ダメージは、はかり知れません。小さな存在ですが、製品の急所を握っているのです。加工産業の各製品の機能をけん引しています。

日本の企業は、政府の支援を得て、カザフスタンのウランの廃さいからのレアアースの回収、ベトナムでの資源開発を促進しています。豪州のレアアース鉱山にも出資しています。日本のEEZ（排他的経済水域）での海底5600メートル下のレアアース含有泥は、未来のレアアース資源になるかもしれません。また、都市鉱山からのレアアースの回収技術開発が始まっています。レアアースの用途開発や製品開発への挑戦も続いています。

本書を読んで頂き、日頃のレアアースにかかわるニュースを身近に感じて頂ければ幸いです。そしてこの本を通して、「レアアースってなあに？」という問いかけに「レアアースって大事なんだ。レアアースのことわかったよ」という言葉をいただければ、編集者・執筆者一同望外の喜びです。

本書の作成に当たり日刊工業新聞の藤井浩編集者にはこのような機会を与えて下さり、執筆編集のご指導をいただき大変感謝いたします。

副編集委員長　西川　有司

【参考文献】

『レア・アース』改定版　1973年8月　社団法人新金属協会

『希土類物語』足立吟也監修　1991年4月　産業図書

『レアメタルの科学』山口英一監修　2008年8月　日刊工業新聞社

『レアメタルが日本の生命線を握る』2009年9月　日刊工業新聞社

『ネオジウム磁石のすべて—レアアースで地球を守ろう』佐川真人監修　2011年4月　アグネ技術センター

『とことんやさしい非鉄金属の本』山口英一監修　2010年8月　日刊工業新聞社

『世界で一番美しい元素図鑑』セオドラ・グレイ　2010年11月　創元社

『レアメタルのふしぎ』齊藤勝裕　2009年3月　ソフトバンククリエイティブ

『いまだから知りたい元素と周期律表の世界』京極一樹　2010年9月　実業之日本社

『元素のことがよくわかる本』ライフ・サイエンス研究班編　2011年7月　KAWADE夢文庫

『レアメタル　レアアース』ニュートン別冊　2011年11月　ニュートンプレス

『元素のスゴい話』小谷太郎　2011年8月　青春文庫　青春出版社

『レアアースの資源』レア・アース：その物性と応用、加納剛・柳田博明監修、1986年7月、技報堂出版

『一般地球化学』Braian Mason著、松井義人・一国正巳訳、1970年9月、岩波書店

『レアアース資源を供給する鉱床タイプ』石原舜三・村上浩康、2006年8月、地質ニュース624号

『Mineral Commodity Summaries』U. S. Geological Survey, 2009, 2010, 2011年、

『世界最大のレアアース鉱床—中国バイユンオボ鉱床—の成因をめぐって』金沢康夫・中嶋輝充・高木哲一、1999年、資源地質49巻

『Handbook on the physics and chemistry of rare earths』Taylor, S. R. and McLennan, S. M., 1988年.

『都市鉱山開発―包括的資源観によるリサイクルシステムの位置付け』南條道夫 東北大学選鉱製錬研究彙報、(1987)、43巻、2号、pp.239-251

『トリウム溶融塩炉で野菜工場をつくる 北海道中川町の未来プロジェクト』高見善雄／亀井敬史／西川有司、雅粒社、2012年3月

『平和のエネルギー トリウム原子力II 世界は"トリウム"とどう付き合っているか?』亀井敬史、雅粒社、2011年10月

『平和のエネルギー トリウム原子力 ガンダムは"トリウム"の夢を見るか?』亀井敬史、雅粒社、2010年9月

『核なき世界を生きる～トリウム原子力と国際社会～』亀井敬史、高等研選書、2010年6月

『フッ素化学入門 第二版』日本学術振興会(部分執筆)三共出版、2010年5月

『レアアース資源の市場、回収、課題について』亀井敬史、原子力eye、Vol.56, No.10, p.21-24, 2010

『核燃料資源としてのトリウム利用』亀井敬史、地質ニュース、No.670, p.76-84, 2010

『トリウムを使う新しい原子力発電―世界が注目するトリウム溶融塩炉の可能性』亀井敬史(WEDGE) Vol.24, No.3, p.72-73, 2012

『より小型、より安全に トリウム原子炉の可能性』亀井敬史、東洋経済、6330号、p.60-63, 2011

『日本の資源外交戦略を考える』亀井敬史、環境ビジネス、101号、p.52-53,2010

『レアメタル ハンドブック 2011』監修:JOGMEC 発行:佐伯印刷株式会社

『メタルマイニング・データブック』編集:JOGMEC 発行:佐伯印刷株式会社

『地政学入門』曽根保信著、中公新書721 発行所:中央公論社(1984)

『Mineral Commodity Summaries 2009』

●著者略歴

西川　有司(にしかわ　ゆうじ)　　第1章、26、61、62、63、36ページ、70ページ、152ページコラム

2008年から日本メタル経済研究所主任研究員として、2012年4月までレアアースを含む世界の資源の調査、研究に従事、現在JP RESOURCES(株)社長および米国レアアース会社(USRareEarths Inc.)顧問や欧州復興開発銀行EGP顧問、国際資源大学校講師、資源素材学会資源経済部門委員会委員長。資源探査、開発が専門。1975年早稲田大学大学院資源工学修士課程修了し、三井金属鉱業(株)に入社。レアメタル、レアアースを含む資源探査開発や資源プロジェクト評価などに従事。1996年三井金属資源開発(株)より海外資源コンサルタントとして世界銀行、欧州復興開発銀行などの資源プロジェクトに従事するなど世界各国の資源プロジェクトを手がけてきている。世界鉱物資源データーブック(1998)共著オーム社ほか、レアアース関係論文、記事など多数国内、海外で出版。

亀井　敬史(かめい　たかし)　　第7章

1994年　京都大学工学部原子核工学科卒。1996年同大学院修士課程修了。1999年同大学院博士後期課程研究指導認定退学。工学博士。ローム株式会社、京都大学、国際高等研究所、立命館大学を経て現在、応用科学研究所でトリウム原子力を柱とする持続可能な社会構築の研究に従事。可搬型超小型トリウム溶融塩炉や高効率中性子加速器の開発に取り組む。環境先進国スウェーデンのNPO国際トリウム・エネルギー機構の日本代表を務める。

金田　博彰(かねだ　ひろあき)　　第2章

東京大学名誉教授。専門分野は資源探査工学および環境資源地質学(金属資源の探査および資源評価を専門とし、日本のみならず中国、韓国、ミャンマーをはじめ諸外国お鉱床調査を行ってきている。また、2000年に入り、資源消費と地球環境問題の関連性も研究課題にひとつとしている。)東京大学理学部卒業、同大学大学院工学系研究科修士課程修了、博士課程中退。東京大学工学部助手、助教授を経て東京大学工学系研究科教授(2004年3月退官)。2004年に東邦大学理学部教授。

中村　繁夫氏(なかむら　しげお)　　第6章

1974年　静岡大学大学院修士課程修了。蝶理に入社、希少金属・化成品を担当。同社レアメタル部門で30年間輸入買い付けを担当、世界100ヵ国を歴訪。レアメタル不足をビジネスチャンスと捉え、部下10数人の部門ごとMBOで独立、レアメタル専門商社を立ち上げた。2004年　アドバンスト・マテリアル・ジャパン(株)を設立、代表取締役社長に就任。2006年　アルコニックス(株)取締役副社長を兼任。2008年　副社長を退任。現在はアドバンスト・マテリアル・ジャパン(株)代表取締役社長。「ガイアの夜明け」、「カンブリア宮殿」、「NHK特集」、「夢の扉」など多くのメディアに出演。レアメタルを広く紹介する為の講演や著書「レアメタル・パニック」(光文社)、「レアメタル資源争奪戦－ハイテク日本の生命線を守れ」(日刊工業新聞社)「レアメタル超入門」(幻冬舎)など多数。

藤田　豊久(ふじた　とよひさ)　　第3章(26は除く)、39～42、108ページコラム

1983年東北大学から工学博士。1995年～2003年まで秋田大学教授。2002年～3年秋田大学SVBL長。2003年から東京大学大学院工学系研究科教授。1986-8年米国ミネソタ大学客員研究員、1998年米国セントクラウド大学客員教授、東北大学客員教授。2005年～9年環境資源工学会会長。2012年より東京大学人工物工学研究センター長を兼任。他に、ベトナムおよび中国の大学の客員や名誉教授。専門は資源処理工学、リサイクリング、鉱物処理、環境浄化、機能性流体。約50の特許、約400の発表論文。

美濃輪　武久(みのわ　たけひさ)　　第4章、43～45

信越化学工業(株)磁性材料研究所長。1976年東北大学工学部修士、同年工学部金属材料工学科助手、1982年信越化学工業(株)入社。希土類磁石の研究及び製造技術開発を担当。2009年より同社磁性材料研究所長。専門は属磁性材料、希土類磁石。

今日からモノ知りシリーズ
トコトンやさしい
レアアースの本

NDC 565

2012年8月30日　初版1刷発行

監修者　藤田和男
ⓒ著者　西川有司
　　　　藤田豊久
　　　　亀井敬史
　　　　中村繁夫
　　　　金田博彰
　　　　美濃輪 武久
発行者　井水 博治
発行所　日刊工業新聞社
　　　　東京都中央区日本橋小網町14-1
　　　　（郵便番号103-8548）
　　　　電話　書籍編集部　03(5644)7490
　　　　　　　販売・管理部　03(5644)7410
　　　　FAX　03(5644)7400
　　　　振替口座　00190-2-186076
　　　　URL http://pub.nikkan.co.jp/
　　　　e-mail info@media.nikkan.co.jp
印刷・製本　新日本印刷(株)

●DESIGN STAFF
AD────────志岐滋行
表紙イラスト────黒崎 玄
本文イラスト────輪島正裕
ブック・デザイン ── 黒田陽子
　　　　　　　（志岐デザイン事務所）

●
落丁・乱丁本はお取り替えいたします。
2012 Printed in Japan
ISBN　978-4-526-06928-4　C3034

本書の無断複写は、著作権法上の例外を除き、
禁じられています。

●定価はカバーに表示してあります

●監修者略歴

藤田　和男（ふじた　かずお）59、60、64

東京大学名誉教授、芝浦工業大学MOT大学院(元)教授、ボランティア団体：Geo3 REScue Forum代表、1965年東京大学工学部資源開発工学科（石油専修コース）を卒業して、アラビア石油(株)に入社、30年勤務。その間1969年から4年間石油開発本場の米国テキサス大学大学院へ社費留学、石油工学博士号（PhD）を取得して石油危機が始まる直前の1973年2月帰国する。その後アラビア湾のカフジ油田に8年余り、日中石油開発（株）の渤海湾プロジェクトに2年余り、マレーシアのKL駐在代表として2年などの海外勤務計15年の海外勤務。1994年11月末アラビア石油(株)を退社して東京大学工学部教授に就任。1997年より大学院主任、1999年より地球システム工学専攻の専攻長（学科長）を務める。2003年3月東京大学を退官して芝浦工業大学にわが国初めて開設したMOT（技術経営）大学院に招かれ7年間、2010年3月に退職し現在に至る。専門は石油開発工学を主軸に石油資源論、地球環境・エネルギー論、プロジェクト経済評価など。